● 浙江工业大学 ● 浙江大学 ● 浙江农林大学 ● 浙江理工大学
● 中国美术学院 ● 宁波大学 ● 浙江科技学院 ● 浙江树人大学

2016“乡建教学联盟”联合课程设计作品集

——浙江省第二届（嘉善杯）

大学生乡村规划与创意设计教学竞赛作品集

陈前虎 陈玉娟 主 编
周 骏 张善峰 副主编

中国建筑工业出版社

图书在版编目（CIP）数据

水印嘉善——浙江省第二届（嘉善杯）大学生乡村规划与创意设计教学竞赛作品集／陈前虎等主编．—北京：中国建筑工业出版社，2017.8
ISBN 978-7-112-20839-5

Ⅰ．①水… Ⅱ．①陈… Ⅲ．①乡村规划－作品集－中国－现代 Ⅳ．①TU982.29

中国版本图书馆CIP数据核字（2017）第125612号

本书全方位记录了由浙江工业大学承办的浙江省第二届美丽乡村规划与创意设计大赛过程与成果，收集来自浙江工业大学、浙江大学、宁波大学、中国美术学院、浙江科技学院、浙江树人大学、浙江农林大学、浙江理工大学等8所学校的建筑学、城乡规划、环境艺术、风景园林等相关专业学生竞赛作品13份，意在共同探讨乡村规划设计的教学组织与模式，探索浙江省水乡地区美丽乡村建设的新思路。全书内容包括嘉善印象、竞赛总任务书、学生作品集、大事记等。

本书可供广大建筑院校建筑学、城乡规划学、风景园林学师生学习参考。

责任编辑：吴宇江
责任校对：王 烨 姜小莲

水印嘉善——浙江省第二届（嘉善杯）大学生乡村规划与创意设计教学竞赛作品集
陈前虎 陈玉娟 主 编
周 骏 张善峰 副主编
*
中国建筑工业出版社出版、发行（北京海淀三里河路9号）
各地新华书店、建筑书店经销
北京京点图文设计有限公司制版
北京方嘉彩色印刷有限责任公司印刷
*
开本：880×1230毫米 1/16 印张：8¾ 字数：207千字
2017年9月第一版 2017年9月第一次印刷
定价：90.00元
ISBN 978-7-112-20839-5
（30494）

本书编委会

主　编：陈前虎　陈玉娟

副主编：周　骏　张善峰

编委会成员（按姓氏笔画排序）：

王　娟　王　媛　王丽娴　王建正　文旭涛

仲立强　刘　虹　江俊浩　汤坚立　汤　燕

沈实现　宋　扬　陆　海　陈秋晓　郑　卫

赵小龙　洪　泉　秦安华　顾　哲　徐　进

唐慧超　陶　涛　黄　焱　戴　洁

序　言 Preface

自2003年启动“千村示范，万村整治”工程以来，浙江的乡村建设整体上经历了乡村基础设施建设、乡村产业功能培育和乡村综合环境提升三个阶段；相应地，建设主体也从单一的“政府主导”到“政府+农民”共同推动，再到“政府+农民+企业+社会”多方合作推进的过程。

继2015年首届浙江省大学生“乡村规划与创意设计”大赛在“四个全面”示范县——浙江省浦江县圆满结束之后，2016年的“乡村规划与创意设计”大赛活动又在“科学发展”示范县——浙江省嘉善县胜利落下了帷幕。今年的活动由浙江省住房和城乡建设厅和浙江工业大学联合主办，浙江工业大学小城镇协同创新中心与浙江省嘉善县人民政府承办，浙江省内8所高校13支队伍积极参与，并同时得到8家浙江省内最知名规划设计院老总的结对指导。于美丽的春季3月开题，至金秋10月结果，校地、校企共同完成了这次颇有意义的联合教学与社会服务活动。

以校地、校企联合的方式进行教学活动，既给未来的设计师们创造了一个真刀实枪演练的机会，也给如火如荼的乡村建设增添了新的思想和力量。我经常听到两方面的抱怨：一是刚毕业的学生缺乏实战经验，不好用；二是设计院快餐式编制的大量乡村规划与设计成果存在简单复制模仿倾向，缺乏新意和创意。而“乡村规划与创意设计”大赛，不仅为大学生们提供了一个理论联系实际的平台，同时也为乡村个性化的规划与设计，带来了全新的体验和感受。竞赛题目全部来自当前亟须规划设计的村庄，由当地农办、规划建设部门与主办方共同选定。设计院和结对学校的老师共同指导学生，学生除了现场调研外，在中期和提交成果前必须与村民交流并征求意见。成果除了图纸，还包括建筑实物模型；虽然只是完成了方案阶段，但对学生来说，这种“真刀真枪”的拼杀经历，让他们快速成长，并终身受益。

参加“乡村规划与创意设计”大赛的院校，既有来自理工科的院校，也有来自人文艺术的院校；参与竞赛的90多位同学涉及城乡规划、建筑学、风景园林、环境艺术等不同专业。在校地、校企搭建的这个联合教学的舞台上，教师之间、同学之间、不同专业之间相互学习与交流，取长补短，共同提高，这对提高整个人居环境领域专业的教学质量非常有益，是教学模式的一次“创意设计”。

城市化进程显然进入了一个“内涵提升”的阶段，适宜的人才因此变得更为重要。今天20世纪90年代后的学生在不久的将来就会成为我们人居环境设计与建设的主力军。风物长宜放眼量，大学生“乡村规划与创意设计”大赛就是一个着眼于未来，实干于现在的人才培养活动。希望这一赛事乘风借势，成为浙江省培养规划师、建筑师、景观设计师与室内设计师的独具特色和影响力的平台。

浙江省住房和城乡建设厅总规划师

2017年1月

目 录

CONTENTS

2016

2016

设计三等奖
Design The Third Prize

1 嘉善印象

THE IMPRESSION OF JIASHAN

1.1 嘉善县概况

嘉善县地处太湖流域杭嘉湖平原，位于浙江省东北部、江浙沪两省一市交会处，境域轮廓呈田字形，东邻上海市青浦、金山两区，南连平湖市、嘉兴市南湖区，西接嘉兴市秀洲区，北靠江苏省苏州市吴江区和上海市青浦区。全县总面积 506.6 平方公里，其中水域占 14.29%。嘉善城区东距上海市中心 80 公里，大虹桥商务区 60 公里，西至杭州 100 公里，南濒乍浦港 35 公里，北接苏州 80 公里，处于长江三角洲的中心地带。嘉善全县辖 6 镇 3 街道、104 个行政村、1543 个自然村，户籍人口 38.60 万人，常住人口为 57.30 万人。嘉善历史悠久，至今已有 1000 多年历史，并有“鱼米之乡”、“上善若水”之称，是远近闻名的“休闲之地”。

近年来，嘉善县以国家级“县域科学发展示范点”为发展目标，以“五水共治”和“三改一拆”两大战役倒逼产业转型，全面推进生态治理、产业转型、城乡统筹、民生改善和改革深化，产业走上转型提升的道路，社会风气日益变好，经济发展进入新常态。

2015 年，实现地区生产总值 425.5 亿元，增长 8.3%；一般公共预算收入 35.6 亿元，增长 7.6%；固定资产投资 294.7 亿元，增长 14.4%；规模以上工业总产值 1004.5 亿元，增长 7.6%；城镇居民人均可支配收入 46574 元，增长 8%，农村居民人均可支配收入 27203 元，增长 8.6%。

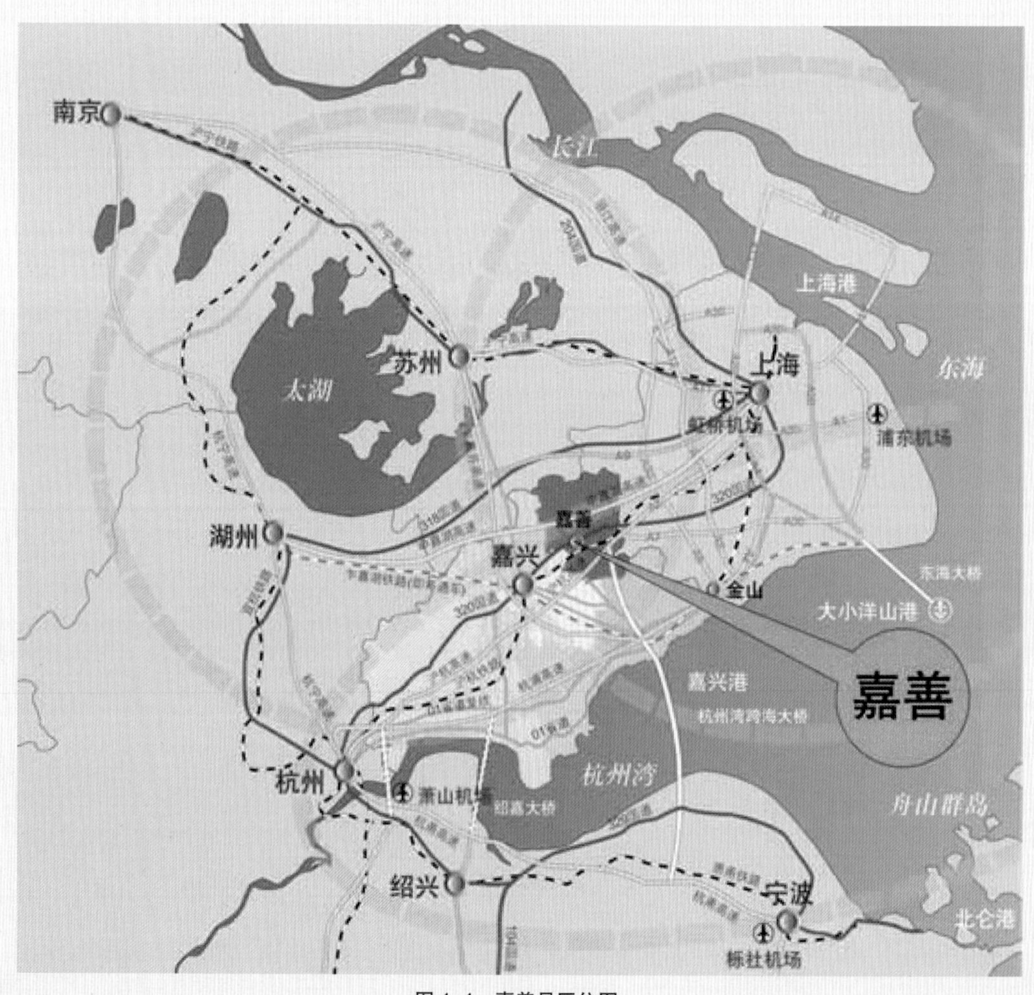

图 1-1 嘉善县区位图

生态农业。

◎五色之艳◎

ECOLOGICAL AGRICULTURE

Five-Color Yan

五千多年的农耕文明，在嘉善的土地上代代沿袭；

特色农业的发展之路，在嘉善的土地上生根发芽。

积极发展生态、休闲、观光农业，形成了多姿多彩的田园风貌和“金色、白色、绿色、蓝色、彩色”五色产业带。

Five thousand years of farming civilization, in the land of the previous generation generations Jiashan followed;

Development of characteristic agriculture road, on land Jiashan root.

Actively develop ecological, recreational, tourism agriculture, forming a colorful pastoral scene and the "golden, white, green, blue, color" colored industrial belt.

“银加善”商标是由143个组织成员共同拥有的集体商标，分别在29类肉、鱼制食品，30类大米、谷物，31类新鲜蔬菜、鲜水果等三个大类30个群组中进行注册。该商标是由蓝绿白三色构成的嘉善县花“杜鹃花”造型及“银加善”文字、“嘉善精品”汉语拼音组合而成的圆形图案，展示嘉善县现代农业丰收的喜悦和团结协作的人文精神。

"Silver plus good" is a trademark of Jiashan County Supply and Marketing Cooperatives (co Jiashan County Farmers Union) apply for registration of a collective mark 143 members of the organization jointly owned, respectively, in 29 categories of meat, fish, prepared foods, 30 categories of rice, cereals, 31 categories of fresh vegetables, fresh fruits, and other three major categories of 30 groups to register the mark is composed of blue, green and white tricolor Jiashan County flower "Rhododendron" shape and "Silver plus good" text, "Jiashan boutique "pinyin combination of circular pattern, showing the joy of harvest Jiashan modern agriculture and humanistic spirit of unity and cooperation.

牛鼻子按

地嘉如画，人善若水。上苍赋予了嘉善丰腴的土地，丰沛的雨水，也造就了丰裕的嘉善农业。走进乡野，满是泥土的芬芳，满是果蔬的甘甜。

嘉善县精品农业分布图

Jiashan County Agricultural Distribution

现代工业。

◎曙光之恋◎

MODERN INDUSTRIAL
Dawn of Love

六千年耕读文明，三年载商贾文化。嘉善不仅写就了吴根越角的经商传奇，更谱写了时代弄潮的善商样本。投资发展的沃土，转型升级的港湾，把一张张“嘉善制造”的金名片传递到了世界各地。

Six thousand years of civilization plowing the three golden merchant culture. Jiashan not only wrote the legendary Wu root on the business the more angular, more diligent and intelligent era nurtured good provider. Jiashan development has now become the base of investors around the world, the transformation of the harbor, Yangtze River Delta, facing the world, to pass Jiashan made gold card to the world.

牛鼻子按

业于嘉善，兴于嘉善，作为改革的弄潮儿，嘉善在开放的洪流中飞棹扬橹，砥砺前行，踏着时代的节奏，寻着马达的轰鸣，嘉善走进了一个现代工业的发展高地。

嘉善县工业平台分布图

Jiashan County Agricultural Distribution

图例

- 四大工业主平台
- 市镇工业园区
- 专业特色园区

传统文化。

◎诗礼之邦◎

THE RITUAL OF NATIONS

Traditional Culture

上善若水，水利万物而不争。水乡的灵性，人文的渊薮，孕育了嘉善的善文化，善，仿佛是嘉善的通用语言，是嘉善的本质胎记，是嘉善的人文品牌。

Charity, water conservancy things without struggle. Water spirituality, cultural hotbed, gave birth to the Jiashan good culture, good, like a universal language Jiashan, Jiashan nature birthmark, Jiashan humanities brand.

牛鼻子按

从大往圩走来，积淀着千百年历史文化的精髓。春秋的水、唐宋的城、明清的建筑、现代的人，文化的根一脉相传，一以贯之，这是嘉善的美丽之源、发展之源、幸福之源。

嘉善县民间文化艺术分布图

Jiashan county folk culture and art map

1.2 嘉善县美丽乡村发展背景

1.2.1 宏观背景——新型城镇化

目前新型城镇化已成为新时期的国家战略，新农村建设是其中非常重要的一个工作环节。中央1号文件指出："把建设社会主义新农村和推进城镇化建设作为保持经济平稳较快发展的持久动力"。从新农村建设与新型城镇化的关系来看，两者具有良性互动关系，是统筹城乡发展，最终实现国家现代化的必由之路。党的十八大报告首次提出了"美丽中国"这一理念，指明了我国乡村建设方向。尊重生态文明的自然之美，树立尊重自然、顺应自然、保护自然的生态文明理念，建设可感知、可评价的"美丽中国"。

1.2.2 中观背景——浙江省乡村建设

浙江省乡村建设通过了十多年的努力，走出了一条从村庄整治、美丽乡村、美丽浙江再到美好生活的道路。

（1）美丽乡村建设初始阶段：针对乡村建设初期，村庄脏、乱、差现象严重而进行环境治理，并作出了实施"千村示范，万村整治"工程的重大决策，以改善农村生活条件。

（2）美丽乡村建设攻坚阶段：浙江省深入实施"千村示范，万村整治"工程，完善了基本公共服务，环境得到综合整治，农村面貌和农民生产生活条件明显改观。

（3）美丽乡村内涵提升阶段：该阶段建设村庄科学规划布局美、村庄整治环境美、创业增收生活美、乡风文明身心美，最终实现美丽浙江。

1.2.3 微观背景——嘉善县乡村建设

（1）美丽乡村“四字”文章：

嘉善县围绕“四美”目标，立足实际、因地制宜，结合“两新”工程建设、中心村培育、国家级生态县建设等工程项目的实施，做好“先、建、靓、文”四字文章，全力推进美丽乡村建设。

（2）美丽乡村“五态”助推：嘉善县的美丽乡村建设将围绕“形态、生态、业态、姿态和状态”五个方面来展开，全方位展示乡村的美。

（3）美丽乡村点、线、面区域的有机结合：全方位优化农村人居环境，推动美丽乡村建设从“一时美”向“持久美”转型，从“局部美”向“整体美”转型，从“风景美”向“风尚美”转型,彰显“诗画江南”的独特魅力。

1.3 嘉善县美丽乡村建设举措

1.3.1 突出规划引领，一张蓝图统筹设计

（1）开展多规合一试点，实现资源高效利用。制定《嘉善县“多规合一”工作方案》，整合国民经济与社会发展计划、城乡建设规划、土地利用总体规划、生态功能区保护规划等主要规划，并做好与美丽乡村建设等专项规划的衔接。

（2）培育精品示范村庄，推动点面融合发展。按照“宜工则工、宜农则农、宜旅则旅、宜居则居”的发展定位，把全县 9 个镇（街道）和 104 个行政村划分为“一干、五枝、一冠三大功能区”和 21 个精品农业村、18 个乡村旅游示范村、19 个农村新社区，精心打造“绿色田园风光线、蓝色水乡活力线、魅力村庄风情线、善佳文化古韵线”四条美丽乡村精品线；逐镇（街道）编制个性化建设规划，建立完善环境优美村、美丽乡村达标村、美丽乡村精品村等不同梯次的培育体系和考核评比机制，分类制定推进计划，逐年确定创建目标，严把规划预审和投入预评两道关，避免出现无序冒进，确保建设成效。

（3）优化村庄布点规划，推动农房改造集聚。以解决农户建房刚需为目标，制定出台《关于进一步推进农房建设管理的指导意见（试行）》、《嘉善县农民建房管理办法（试行）》等文件，着力推动中心集聚点建设，加快启动一般集聚点，同步开展保留拓展点提升、特色自然村落保护开发等工作。

1.3.2 突出环境整治，一套机制统筹长远

（1）加大综合整治力度，夯实环境美丽基础。

（2）完善长效管理机制，提升环境美丽指数。建立完善“户集、村收、镇运、县处理”的城乡一体垃圾处理模式，顺利完成姚庄镇北鹤村和银水庙村农村垃圾减量化、资源化处理试点工作，全县农村生活垃圾收集率达到 100%，城乡垃圾无害化处理率达到 95.74%。探索建立农村环境保洁一体化机制，出台《嘉善县深化农村保洁一体化工作实施意见》、《嘉善县农村保洁一体化工作考核办法》等文件，兼顾“建”与“管”、“加”与“减”的关系，同时每年落实 1000 万元专项资金用于卫生保洁、设施维护等长效管理工作，确保农村环境卫生实效。

（3）优美庭园创建，增添环境美丽内涵。出台《关于开展创建“优美庭院”助力“美丽乡村”建设活动的意见》，以“五个一”工作法（即每天一次清扫、每周一次走访、每月一次整治、每季一次检查评比、每年一次评选）强势推进“优美庭院”创建工作。特别是自去年以来，重点围绕“三改一拆”、“微田园”创建等活动，引导农村妇女拆除鸡棚、鸭棚、猪棚，改建成小花园、小菜园、小果园等“微田园”。组建本土民间专家指导队伍，为不同样式的楼房庭院设计低成本优美庭院样本，为不同条件家庭提供经济实惠的创建样式。精心打造“绿色田园风光线、蓝色水乡活力线、魅力村庄风情线、善佳文化古韵线”等四条美丽乡村精品线；逐镇（街道）编制个性化建设规划，建立完善环境优美村、美丽乡村达标村、美丽乡村精品村等不同梯次的培育体系和考核评比机制，分类制定推进计划，逐年确定创建目标，严把规划预审和投入预评两道关，避免出现无序冒进，确保建设成效。

（4）优化村庄布点规划，推动农房改造集聚。以解决农户建房刚需为目标，制定出台《关于进一步推进农房建设管理的指导意见（试行）》、《嘉善县农民建房管理办法（试行）》等文件，着力推动中心集聚点建设，加快启动一般集聚点，同步开展保留拓展点提升、特色自然村落保护开发等工作。

1.3.3 突出全域治理，一抓到底改善环境

（1）以专项整治为重点，全力提升综合环境。主要围绕三大专项整治行动。一是清“三河”，明确“河长”、“断面长”治水主体的责任；二是“三改一拆”；三是公铁沿线环境整治。

（2）以项目管理为抓手，全力开展生活污水治理。编制《嘉善县城乡污水收集处理一体化专项规划》，制定出台《关于深入推进农村生活污水治理工作的实施意见》，按照“量化治理计划到村，选择治理模式到点，落实治理责任到人”的目标，科学排定年度治理计划。

（3）以源头管控为手段，全力整治农业面源污染。以创建省级生态循环农业示范县为抓手，加快推进农业向高效型、生态化、标准化、资源化转型过渡。

1.3.4 突出富民增收，一组战略推动发展

（1）推动产业转型，促进富民增收。出台《关于加快发展精品农业推进农业转型升级的若干政策意见（试行）》，大力扶持现代农业发展。

（2）深化农村改革，促进富民增收。全面推进农村产权制度改革，重点创新“三权三抵押”机制，赋予农民对农村集体经济股权、农民住房财产权和土地承包流转经营权抵押担保功能。深入实施“强村计划”，探索形成抱团投资、异地发展、强弱合作、服务增收四种模式。

（3）发展乡村旅游，促进富民增收。依托嘉善县乡村旅游资源优势，结合美丽乡村建设，加快推进以农家乐为代表的休闲观光游。嘉善县将以特色自然村落和农村新社区为重点，全力建设美丽乡村精品村，结合生态文化村落、现代农业园区、农家乐精品村（点）、乡村文化体验等，打造形成“绿色田园风光线、蓝色水乡活力线、魅力村庄风情线、嘉善文化古韵线”四条魅力乡村精品线，构建县域美丽乡村精品点网络。

1.3.5 突出文化建设，一脉传承增添魅力

（1）弘扬与传承相结合，挖掘农村传统文化内涵。大力弘扬“地嘉人善、嘉言善行、善气迎人”的传统美德，培育以“善文化”为核心的县域人文品牌。全力抓好村级“文化礼堂”建设，出台《嘉善县村级文化礼堂建设方案》，培育和弘扬“善文化”地方人文品牌。

（2）保护与开发相衔接，提升历史文化村落品质。

（3）管理与治理相融合，搭建村民自治管理平台。

1.4 嘉善县美丽乡村建设成效

嘉善县先后被授予“国家生态文明建设示范区”、全国文明县城、国家卫生县城、国家级生态县等称号。目前，9个镇（街道）已全部创建为国家级生态镇（街道），累计建成省级全面小康示范村22个，市级生态村100个。2014年农业现代化发展水平列全省第5、全市第一，农业劳动生产率达到55318元/人，居全省第10。2014年，全县实现地区生产总值402.4亿元，财政总收入60.06亿元；城镇居民人均可支配收入43126元，增幅列全市第1；农村居民人均可支配收入25048元，增幅列全市第2。城乡居民收入比从1.97：1缩小至1.72：1，社会发展水平增幅列全市第一。

（1）形成了全县“一张蓝图”的规划格局。结合河道、电力、污水、供水等10多项专项规划，修编完善美丽乡村建设规划。

（2）把全县9个镇（街道）和104个行政村划分为“一干、五枝、一冠三大功能区”和21个精品农业村、18个乡村旅游示范村、19个农村新社区，精心打造“绿色田园风光线、蓝色水乡活力线、魅力村庄风情线、善佳文化古韵线”等四条美丽乡村精品线。

（3）全县已初步形成“1+X+Y1+Y2”即“21 + 66 + 144 + 18”，总共249个村庄布点，西塘荷池村、姚庄北鹤村、渔民村等一批自然风貌独特、文化韵味浓郁的特色自然村落初显风貌，姚庄桃源新邨、干窑月半湾、大云缪家村等一批规模大、设施好、管理科学的城乡一体新社区相继建成。

（4）全面完成第一轮“四边三化”工程，创建省级森林村庄11个，市、县级绿化示范村28个；累计拆除清理14条主要道路沿线违章搭建91处9035平方米，畜禽棚舍37处18919平方米，简易居住棚32处1718平方米；整治废品收购点48个，清除各类乱堆放点147处；大力推进农村公路品质提升工程。

（5）全县已创建市级“优美庭院”示范村30个，“微田园”示范组片占保留自然村落的20.5%。

（6）设置拦污栅840处，打桩布网318处，疏浚河道313公里，打捞处理沉船约1.5万条，成功消灭劣V

类断面，跨行政区域交接断面水质考核保持优秀，并于2015年底被浙江省委省政府授予全市唯一一个“五水共治”优秀县大禹鼎；累计完成“三改一拆”面积1082.47万平方米，完成三年行动的309.35%，集中开展320国道嘉善段、沪杭高铁和沪杭高速嘉善段、沪杭铁路嘉善段、申嘉湖高速嘉善段等公路、铁路沿线环境综合整治。

（7）全县已有118个行政村实施了农村生活污水治理，行政村治理覆盖率达到100%。

（8）累计投入资金5.3亿元，建成省级生态循环农业示范区2个、示范企业2家，市级示范区1个、示范企业5家；推广测土配方施肥面积180万亩次，推广商品有机肥3.57万吨，化肥减量870吨。

（9）已投入5.3亿元，建成粮食生产功能区11.18万亩（其中千亩以上省级粮食生产功能区9个），有2个现代农业综合区、6个主导产业示范区、4个特色农业精品园通过省级验收并命名；累计流转土地15.5万亩，土地流转率45.8%。培育县级以上农业龙头企业40家；正常运作的农民专业合作社201家，拥有入社社员5111户，基地面积14.4万亩，带动农户数3.25万户；经工商登记的家庭农场（渔场）212家。

（10）全县共办理涉及三权抵押贷款131笔，累计发放贷款1.72亿元，深入实施“强村计划”，探索形成抱团投资、异地发展、强弱合作、服务增收四种模式。

（11）已初步形成了以大云镇为主的温泉度假区、以姚庄镇为主的旅游观光区、以西塘镇为主的休闲体验区、以陶庄镇为主的汾湖亲水区等四大特色区域。

（12）全县共建成村级文化礼堂40个。拓展特色文化活动影响，做好“善文化”、“周末大舞台”、“十万农民种文化”等群众文化活动品牌，形成“一周一演、一镇一节、一村一品”的嘉善特色。

（13）制订北鹤村、渔民村、丁栅村、洪溪村和东云村省级历史文化保护利用一般村建设方案，确定近期建设核心区块，大力推进农房美化工程，以粉墙黛瓦为原则，重点对墙体立面刷白并用线条勾画，对正面的阳台、屋檐进行统一修整，让民居亮丽起来，同时坚持把非遗项目的传承作为村级文化活动载体，形成了姚庄镇锦绣农民画社、渔民村踏白船队等文化队伍。

2 竞赛总任务书

THE DESIGN SPECIFICATION

2.1 相关规划简介

2.1.1 嘉善县域总体规划（2006-2020年）简介

（1）总体发展目标

在新一轮的县域和中心城区发展中，嘉善县应充分利用独特的区位优势，进一步增强综合实力和区域竞争力，转变经济增长方式，优化县域城乡空间布局，改善城乡基础设施条件，加强县域生态环境建设。到2020年提前基本实现现代化，建成资源节约、环境友好、经济高效、社会和谐、城乡协调的现代化中等城市。

（2）总体发展战略与定位

规划明确"融入上海战略、创新发展战略、统筹提升战略、生态立县战略、民生优先战略"五大战略，确定了嘉善的功能定位是"一城、四地"。一城：全面融入上海大都市的现代新城；四地：经济转型升级示范基地、长三角中心区经济重地、主动接轨上海前沿高地、城乡一体发展先行之地。

图2-1 嘉善县县域城乡发展空间布局规划图

2.1.2 嘉善县域村庄布点规划（2013-2030 年）简介

（1）嘉善县乡村建设现状简介

嘉善县域现状共有 104 个行政村、1543 个自然村，平均每村有 13 个自然村。现状行政村、自然村规模较小，布局分散且密度不均，普遍存在用地布局松散零乱和人均用地规模大，基础设施和公共服务设施配置有待提高，农业基础薄弱及三大产业集聚度较低，居住建筑及社会服务设施质量较差等现实情况。近年来，嘉善县委县政府对全县美丽乡村建设非常重视，以乡镇创建“美丽城镇”为抓手，强调以规划为龙头、示范为引领、政策为引导，将美丽乡村打造成为“四美”嘉善建设的重要载体，成为巩固“五水共治”和“三改一拆”成果的新载体，加速美丽乡村建设与民宿经济、休闲旅游、村庄整治、新农村建设等有机结合，使其成为新的富民经济，实现群众经济增收和生活幸福美好，开创嘉善县美丽乡村建设的新局面。

图 2-2　嘉善县县域村庄布点规划图

（2）村庄规划布点模式——1+X+Y

规划提出嘉善“1+X+Y”的布点新模式，即形成城镇新社区（1，即中心集聚点）、农村新社区（X，即一般聚集点）、配套点（Y）三级体系。

城镇新社区（1），指已纳入城镇规划区范围内的村庄集聚点，未来是以城镇规划进行管控的社区，其各类设施配套也由城镇统一提供。城镇新社区内安置人员可来自全镇范围内的村民。

农村新社区（X），属于农村地域内的村庄集聚点，是规划区外主要聚居点，安置人员以本村为主。

配套点（Y），指农村地域内经济实力较弱，但鉴于村民意愿、情感寄托、农业耕作、民俗传承或特色保存的需求而需保留并适度拓展的集聚点，包括保留拓展点（Y1）与自然村落保留点（Y2）两类。

（3）村庄规划总体布局

规划嘉善县县域总体规划，形成“21+66+144+18”（1+X+Y1+Y2）共 249 个布点的城乡一体新社区布局。其中，城镇新社区共设 21 个点，建房形式以公寓房为主，适当配套联排式；农村新社区 66 个，建房形式以联排式为主，适当配套公寓式；配套点 162 个，其中：保留拓展点 144 个点，自然村落保留点 18 个。规划新增户均要求以公寓房进行安置。

（4）村庄规划布局规模

规划至 2030 年，城乡一体新社区建设用地总面积为 2129.57 公顷，规划总户数为 88200 户，总人口为 280000 人，其中需安置户数为 71374 户，保留户数 16826 户。城镇新社区规划建设用地面积为 700.08 公顷，规划户数为 27717 户，人口规模为 8.8 万人，户均建设用地面积为 0.38 亩，人均建设用地面积为 78.90 平方米；农村新社区规划建设用地面积为 1163.42 公顷，规划户数为 35570 户，人口规模为 11.5 万人，户均建设用地面积为 0.49 亩，人均建设用地面积为 101.5 平方米；保留拓展点拓展部分用地面积为 266.07 公顷，规划户数为 7911 户，人口为 2.7 万人，户均建设用地面积为 0.5 亩。

2.2 竞赛总任务书

2.2.1 规划设计要求

（1）以建设点为主的规划设计要求：

① 村庄环境整治：规划设计应具有一定的操作性和创意性，包括道路路面硬化提升、重要节点整治、景观环境整治、基础设施改造设想等提升方案，提高村庄的宜居性、宜游性与宜赏性；

② 村庄建筑改造：针对目前村庄现有建筑风貌缺乏、建筑质量差别大、建筑风格不统一，提出建筑立面改造方案。

③ 水环境的打造：在“五水共治”成果基础上，提出今后改善水质和生态河道护岸的设计系统与要求。

④ 亮化与美化的打造：结合规划对村域或者建设点内的亮化工程进行精心的设计，并按照农村的生活习惯，对家禽和宠物的圈舍进行统一设计，洗衣板、园舍的围墙、院子的门头、节点绿化等进行设计引导。

（2）以村域为主的规划设计要求：

① 村庄发展规划：综合评价村庄的发展条件，分析村庄发展优势、潜力与局限性，明确村庄发展目标、产业发展策略、业态项目策划等；

② 村庄功能布局：依据村庄发展目标定位，规划与设计合理的功能结构、空间组织、交通脉络与景观网络等内容；

③ 村庄环境整治：规划设计应具有一定的操作性和创意性，包括道路路面硬化提升、重要节点整治、景观环境整治、基础设施改造设想等提升方案，提高村庄的宜居性、宜游性与宜赏性；

④ 村庄建筑改造：针对目前村庄现有建筑风貌缺乏、建筑质量差别大、建筑风格不统一，提出建筑立面整体改造方案。

⑤ 村庄特色建筑打造：依据村庄的原有肌理和实际的功能需求，打造出乡土风貌的特色水乡建筑。

⑥ 水环境的打造：在“五水共治”成果基础上，提出今后改善水质和生态河道护岸的设计系统与要求。

⑦ 村道绿化和村内绿化的打造：依据村庄规划设计，对村域内的道路景观绿化提出设计要求，同时，对住宅区内的景观绿化和庭院绿化进行精心搭配，打造出符合本村、本地域的绿化景观系统。

⑧ 亮化与美化的打造：结合规划对村域或者建设点内的亮化工程进行精心的设计，并按照农村的生活习惯，对家禽和宠物的圈舍进行统一设计，洗衣板、园舍的围墙、院子的门头等进行设计引导。

2.2.2 村庄设计成果要求

（1）成果要求

规划设计方案要求紧扣主题、立足实际、立意明确、构思适宜、表达规范，鼓励具有创造性的分析与思维方法的应用；图纸表现形式与方法自定；规划设计方案中的所有说明和注解均必须采用中文表达（可采用中英文对照形式）；设计成果尽可能地接近施工设计阶段，以便成果的转化。

（2）模型要求

规划设计方案对重点打造的节点，在后期完成设计时应提供效果图给予表现和展示，同时对每村提供的反映水乡特色的农房建筑制作模型予以展示。

（3）成果出版要求

所有参赛作品经过评比后，对优秀的获奖作品，编制成册出版。

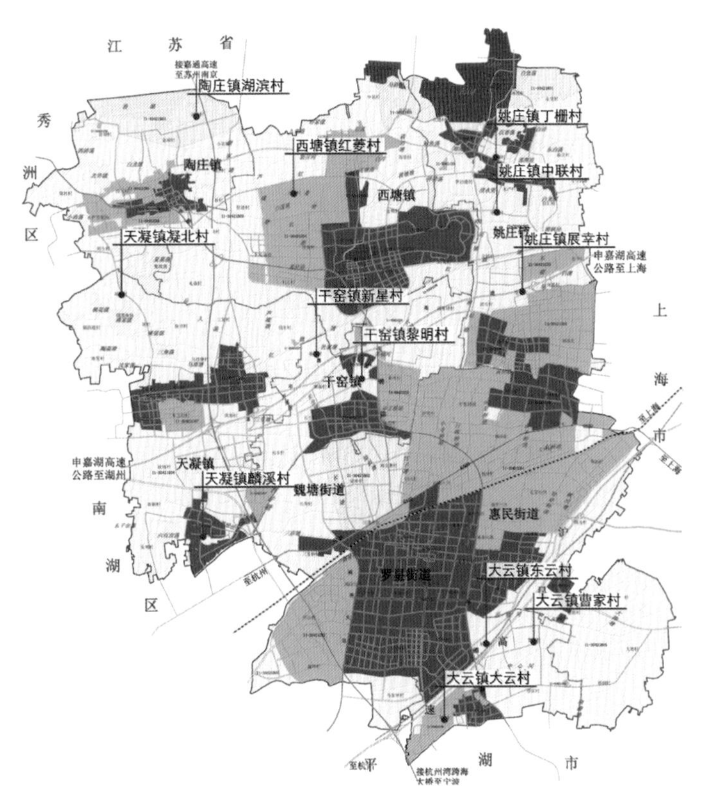

图 2-3　竞赛村庄分布图

2.3　竞赛活动安排

2.3.1　设计时间要求和竞赛村庄安排

（1）时间要求：2016 年 3 月份启动大赛；8 月份提交设计成果；9 月份开展评比和论坛，12 月份底前出版成果。

（2）竞赛村庄安排：姚庄镇展幸村、丁栅村洪字圩、中联村；西塘镇红菱村网埭浜；干窑镇黎明村、新星村；陶庄镇湖滨村；大云镇东云村、曹家村、大云村；天凝镇凝北村、麟溪村等 12 个村作为大学生“乡村创意设计大赛”设计对象。

2.3.2　大赛活动计划安排

阶段	时间	地点	内容要求
大赛筹备	2016 年 1 月份	嘉善县	进行竞赛选题，并确定参赛队伍与相关工作安排
大赛启动暨任务落实	2016 年 3 月 12 日	浙江工业大学	召开启动会议；召开参赛队伍工作会议，落实每支参赛队伍任务，明确经费安排
调研阶段	2016 年 3 月 -4 月	各自学校	包括基地区位条件，上位规划、村落分布及建设概况、村庄发展自然条件及社会经济发展概况、建筑质量及风貌、产业发展概况、水系及绿化景观、村庄文化及特色等内容调研，做好现状及存在问题调研分析
方案阶段	2016 年 4 月 -6 月	各自学校	做好与甲方沟通及方案汇报
成果表达阶段	2016 年 7 月份	各自学校	包括功能定位，用地布局，道路交通，环境景观，模型，节点设计及模型，具体以任务书为主
成果提交阶段	2016 年 8 月 15 日	嘉善县	提交要求见大赛会议通知
评优及论坛	2016 年 9 月 29 日	嘉善县	
成果出版	2016 年年底前	浙江工业大学主办、各校协调	主办方提出文字、排版等格式要求，并负责联系出版社

3 学生作品集

THE STUDENTS
PORTFOLIOS

浙江工业大学（建筑学）

田水荡月影、湖舟渔火明——嘉善陶庄镇湖滨村规划设计

设计感言：

乡村介于都市与荒野之间，是人为改造的二次自然。

而近百年来，因为工业化的跃进，越来越多的乡村成为了附属于都市的生产基地，失去主体性。

湖滨村，居于浙江省最北一隅，与江苏省以汾湖一水相隔。村落环绕门前荡生长，宅前是水，宅后是田，乡村与土地紧紧锚固在一起。

今日的湖滨村，东端即将落建的高速公路将村尾割裂，村口风水林逐渐在消失，工厂肆意生长；港甸与港甸之间关系冷淡。村民渴望着回到“田水荡月影，湖舟渔火明”的年岁。

村庄区位

湖滨村，于浙江省最北一隅，与江苏省以汾湖一水相隔。村庄北有环堤道路，西段和东端分别有道路与镇上相连。高架的建设，也会为村庄创造一条辅路。湖滨村内部基础配套设施不足，村庄内平时活动人数较少，且多为老人，缺乏活力。

村庄简介

湖滨村环绕门前荡生长，宅前是水，宅后是田，乡村与土地紧紧锚固在一起。湖滨村村域面积为 5.80 平方公里，由原来的湖滨村、地元村、洪石里、贺家埭四个自然村合并组成。今日的湖滨村，东端即将落建的高速公路将村尾割裂，村口风水林逐渐在消失，工厂肆意在生长；港甸与港甸之间关系冷淡。场地内建筑沿水路发展，水运在古代是最重要的交通方式。房屋布置疏懒、松散，呈现一种更为“原始”的水乡自然景观。村内有大量的历史遗存建筑和植被，诸如村口的风水林、村尾的老水闸、以及位于东西两端的土地庙和水月观音庙，但如今它们却被大量的空置、浪费。

村庄照片

村庄入口照片

村内河道照片

门前荡照片

村内河道照片

村庄建筑照片

村庄水港照片

田水荡月影，湖舟渔火明

浙江省第二届大学生“乡村规划与创意设计”大赛

Detail 1　关于湖滨村

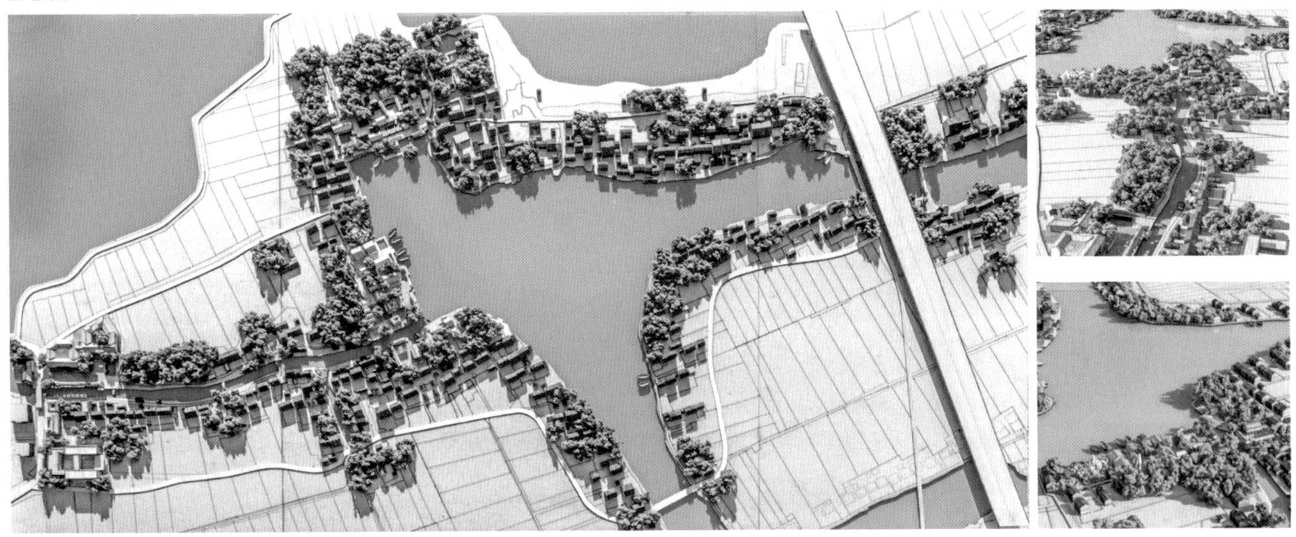

乡村介于都市与荒野之间，是人为改造的二次自然。
而近百年来，因为工业化的跃进，越来越多的乡村成为了附属于都市的生产基地，失去主体性。

湖滨村，居于浙江省最北一隅，与江苏省以汾湖一水相隔。村落环绕门前荡生长，宅前是水，宅后是田，乡村与土地紧紧锚固在一起。
今日的湖滨村，东端即将落建的高速公路将村尾割裂，村口风水林逐渐在消失，工厂肆意生长；港甸与港甸之间关系冷淡……
村民同我们，都渴望着回到“田水荡月影，湖舟渔火明”的年岁。

Detail 2　村落现状分析

村落现状分析——01 村域边界

湖滨村村域为5.80平方公里，由原来的湖滨村、地元村、洪石里、贾家埭四个自然村合并组成。

村落现状分析——02 生活边界

村民的日常活动的范围已经不局限于村庄的行政边界。湖滨村产业较少、基础配套设施也不足，村民延伸自己的生活边界。村庄平日活动人数较少，且多为老人，缺乏活力。

村落现状分析——03 村庄发展

村庄北临汾湖，无法再向北端发展，未来发展方向为南向。即将落建的高架将村庄割裂，部分居民点将被拆迁，移居置东端靠近村委会的一块用地。

村落现状分析——04 道路结构

村庄北端有环堤道路，西端和东端分别有道路与镇上相连。高架的建设，也会为村庄创造一条辅路。

Detail 3　设计场地分析

设计场地分析——01 设计场地尺度

设计场地为湖滨村环门前荡七字形水系生长的环状带形用地，场地长约1500m，宽约1000m。场地呈典型的水乡风貌。

设计场地分析——02 宅屋布局

场地内房屋沿水路发展，水运在古时是最重要的交通方式。宅屋布置疏朗、松散，相较于西塘、乌镇，这里呈现更“原始”的水乡自然景象。

设计场地分析——03 道路结构

古时此地主要依靠水运内外联系，陆路不起主要的联系作用。现今水运方式弱化，陆上道路结构混乱，多为断头路。

设计场地分析——04 水系结构

七字形水系塑造场地特征，新老水闸标识村头村尾，风水林与樟树林、芦苇荡则其保持水土的作用。

设计场地分析——05 历史遗存

场地内有大量的历史遗存建筑、植被，现大多被空置、浪费。村尾水月观音庙即将被拆除，村口风水林与村尾的植被也在逐渐消失。

设计场地分析——06 村庄旧有格局

村口的风水林、村尾的老水闸，以及位于东西两端的土地庙、水月观音庙塑造村庄旧有格局。

设计场地分析——07 村落心理分区

整个村落名义上叫湖滨村，其又由东港甸、西港甸、王家湾等组成，彼此之间仅有两座桥梁相连，心理上是疏远的。

设计场地分析——08 村庄人口与用地

根据统计可得，场地北端的东港甸和西港甸占据了全村大部分人口。南部片区人口较少，房屋稀松。

田水荡月影，湖舟渔火明

浙江省第二届大学生“乡村规划与创意设计”大赛

Detail 1 总平面

总平面

Detail 2 总体方案生成

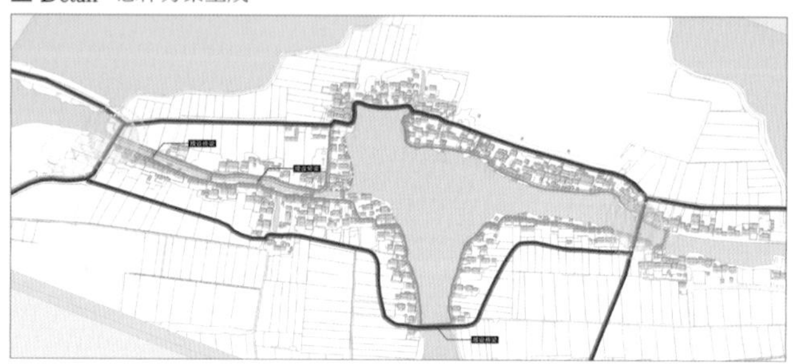

总体方案生成——01动静线设置

贯通道路，增设桥梁，动静线分置。村庄北临湖，南向为今后发展方向，故村庄南侧增设机动车道，便于交通贯通。内环静线，保证村民日常生活的需要，同时打造环湖步道。外环动线，提高机动车的效率，同时保证村落的自完整性。

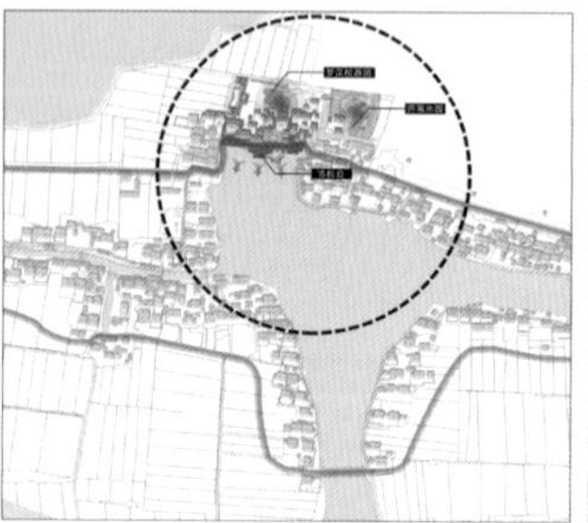

总体方案生成——02动静线局部合并，河浜水湾的复兴

动静线局部合并，在河浜水湾处转化为滨河广场——古松台。动静线合并利于汇聚人气，提高公共空间使用率。滨河广场北端结合历史遗存的古松旧址塑造罗汉松游园，并新建芦苇水院，共同成为村中内最大的一处公共活动空间，为村民及外来游客提供观景、游赏、娱乐的场所。

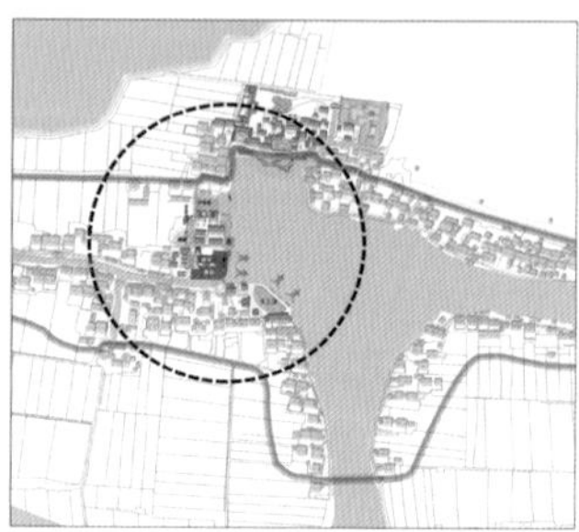

总体方案生成——03静线反转，贯穿地块，制造新节点

西侧湖面静线顺应场地向内转折，贯穿地块，拉结塔院及芦苇荡，同时道路东侧高台湖面打开，重建庙宇等祭祀空间。在场地内加入餐饮、垂钓等功能，塑造村子公共休息空间。

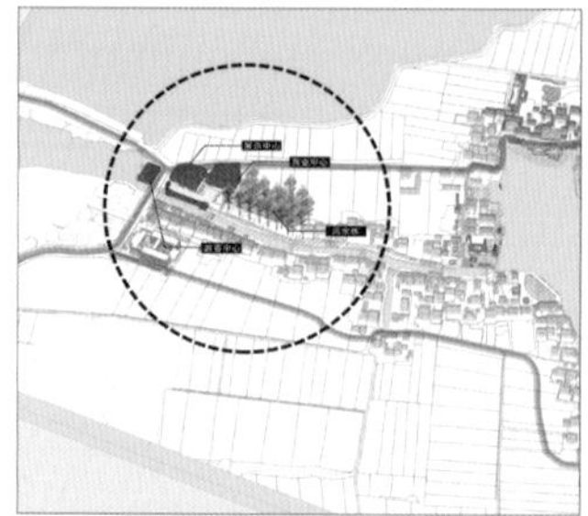

总体方案生成——04村口的恢复与强化

整合空间，恢复水口林植被，营造村头公共氛围，引导人流进入村庄。村口添置公共建筑、水池、白墙、牌坊、长廊等，细化场地尺寸。

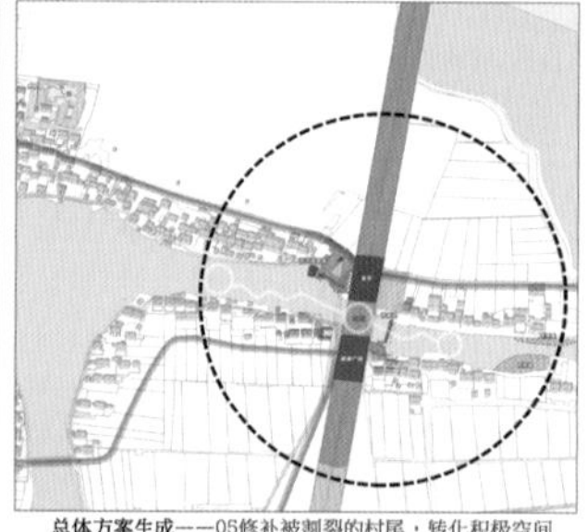

总体方案生成——05修补被割裂的村尾，转化积极空间

村尾出，原定拆除的水月观音庙向西移迁移重置，保留祭祀功能，同时将高架下的消极空间转变为集市、健康广场等积极空间。

村尾公共空间的设置有利于加强原本被高架斩断的两侧村庄的联系，重塑原本消失的村庄尽端收束空间。

总体方案生成——06加强村庄产业效能，提高村民生活水平

加强村庄产业效能，提高村民生活水平，除去公共节点外，为村庄其余区域置人新产业功能。村头两房夹一水的特色空间适宜在靠近废墟广场处加入局部底层商业。湖北侧的水——宅——田格局明显，部分农居形式适宜布置民宿，南可观水景，北可人农田，为游客提供农业体验生活。

Detail 3 设计理念及成果分析

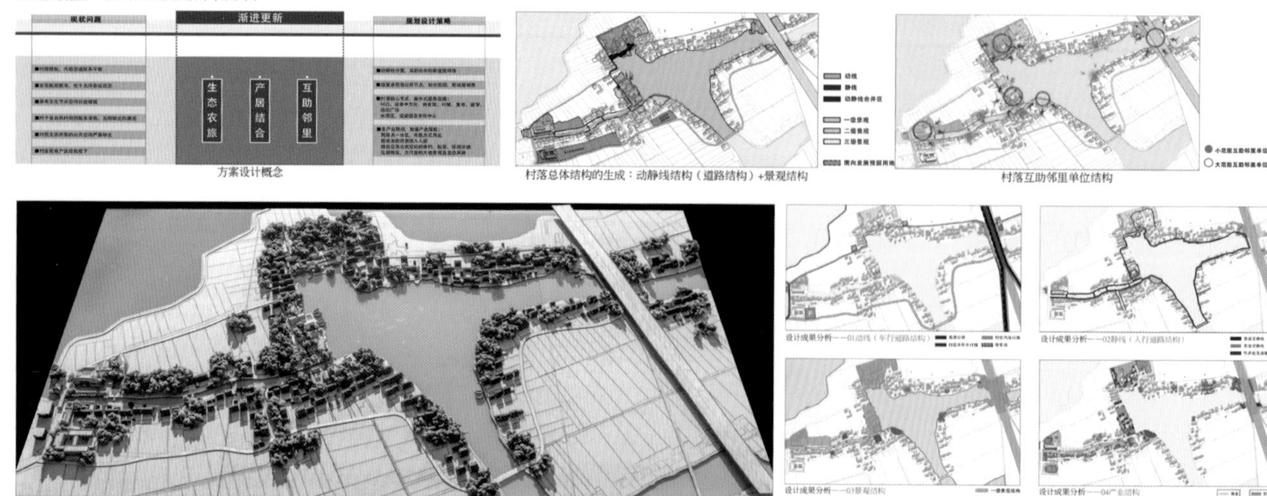

方案设计概念

村落总体结构的生成：动静线结构（道路结构）+景观结构

村落互助邻里单位结构

设计成果分析——01动线（车行道路结构）

设计成果分析——02静线（人行道路结构）

设计成果分析——03景观结构

设计成果分析——04产业结构

02 总体方案

田水荡月影，湖舟渔火明

浙江省第二届大学生“乡村规划与创意设计”大赛

Detail 1　村口分析

村口分析——01 村口轴测图

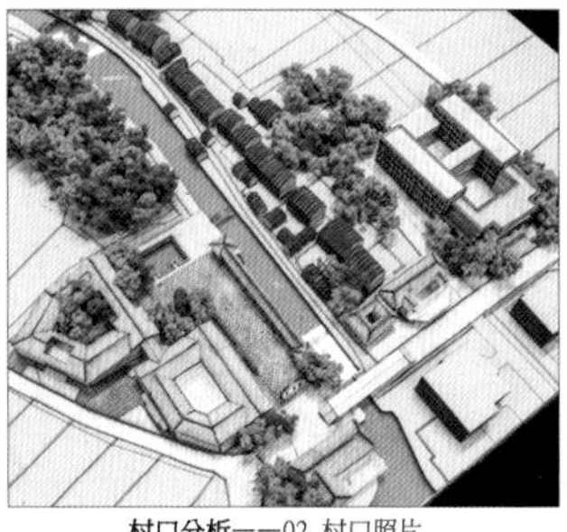

村口分析——02 村口照片

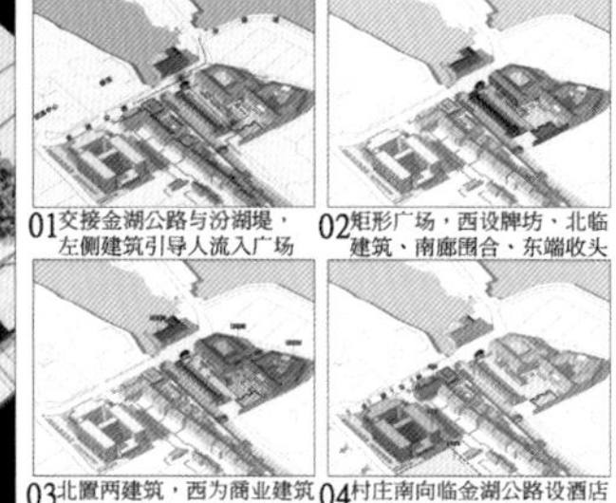

01交接金湖公路与汾湖堤，左侧建筑引导人流入广场

02矩形广场，西设牌坊，北临建筑，南廊围合，东端收头

03北置两建筑，西为商业建筑东侧建筑退让出入口广场，其中庭院贯通南北两出入口

04村庄南向临金湖公路设酒店交通便利，提供住宿条件

Detail 2　废墟广场分析

废墟广场分析——01 两房夹一水区轴测图

废墟广场分析——02 两房夹一水区照片

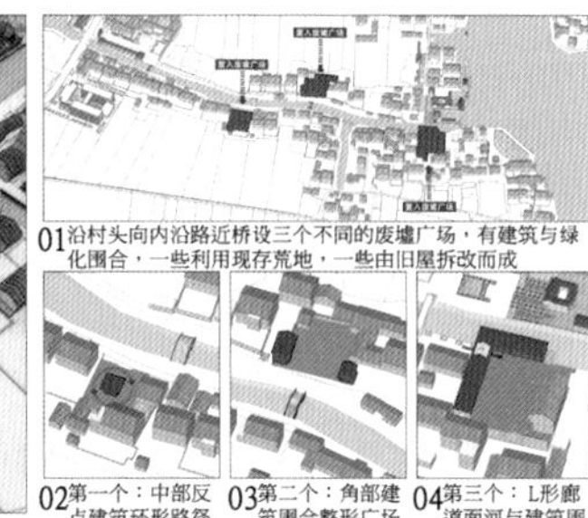

01沿村头向内沿路近桥设三个不同的废墟广场，有建筑与绿化围合，一些利用现存荒地，一些由旧屋拆改而成

02第一个：中部反点建筑环形路径

03第二个：角部建筑围合整形广场

04第三个：L形廊道面河与建筑围合出内向广场

Detail 3　船菜区分析

船菜区分析——01船菜——高台庙宇——清溪垂钓区轴测图

船菜区分析——02船菜——高台庙宇区照片

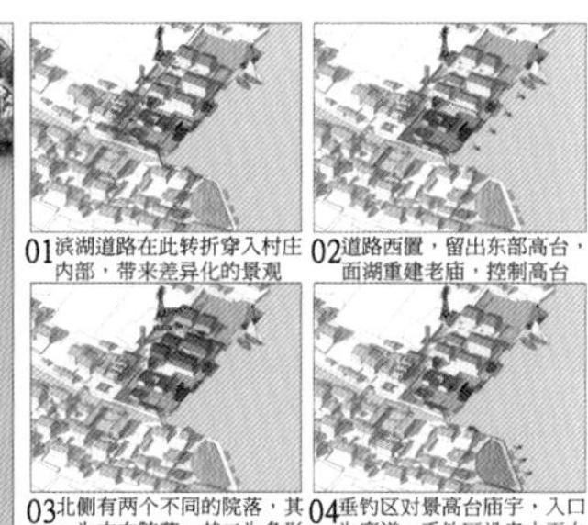

01滨湖道路在此转折穿入村庄内部，带来差异化的景观

02道路西置，留出东部高台，面湖重建老庙，控制高台

03北侧有两个不同的院落，其一为内向院落，其二为条形开放，联系高台，北临饭店

04垂钓区对景高台庙宇，入口为廊道，垂钓区设亲水平台面湖为缓坡绿化

Detail 4　河浜水湾分析

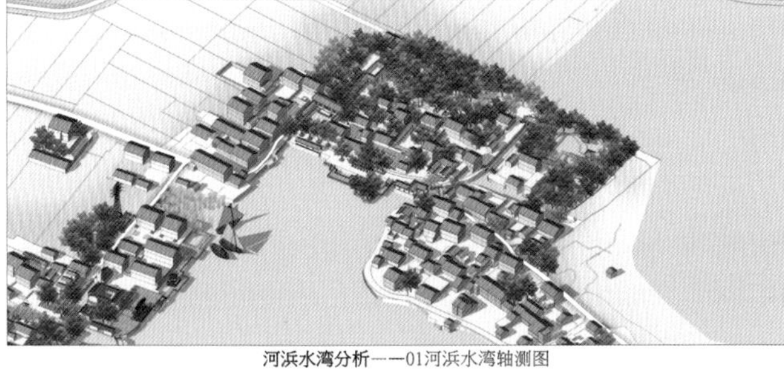

河浜水湾分析——01河浜水湾轴测图

河浜水湾分析——02河浜水湾照片

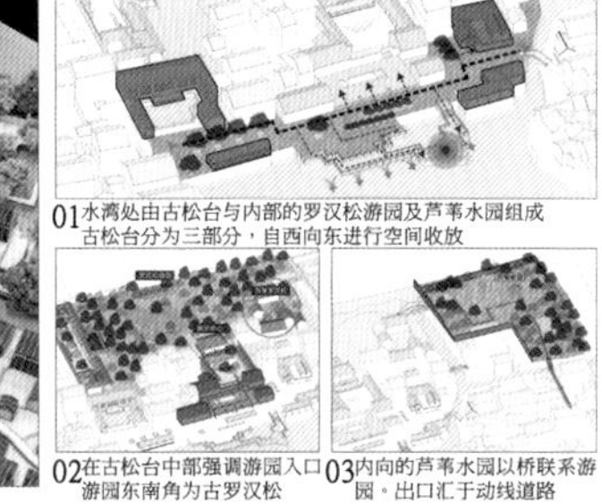

01水湾处由古松台与内部的罗汉松游园及芦苇水园组成古松台分为三部分，自西向东进行空间收放

02在古松台中部强调游园入口游园东南角为古罗汉松

03内向的芦苇水园以桥联系游园，出口汇于动线道路

Detail 5　村尾分析

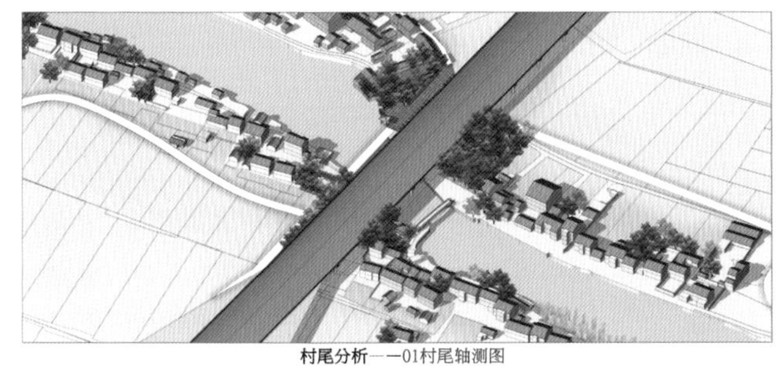

村尾分析——01村尾轴测图

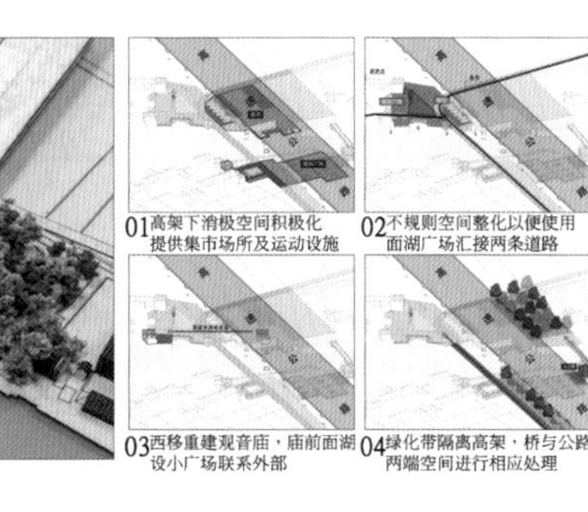

村尾分析——01村尾照片

01高架下消极空间积极化提供集市场所及运动设施

02不规则空间整化以便使用面湖广场汇接两条道路

03西移重建观音庙，庙前面湖设小广场联系外部

04绿化带隔离高架，桥与公路两端空间进行相应处理

田水荡月影，湖舟渔火明

浙江省第二届大学生“乡村规划与创意设计”大赛

Detail 1　农宅单体

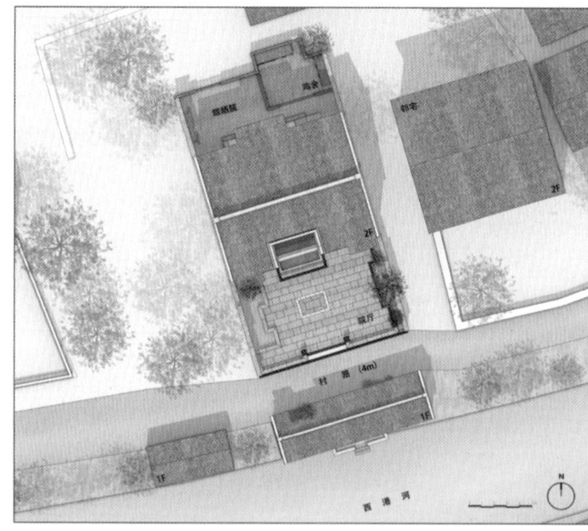

改造宅屋单体——01 总平面图

西港河上望向宅屋　新的客厅——陈设·祭祀空间　吊顶铺地墙面家具一体化设计

改造宅屋单体——02 轴测图

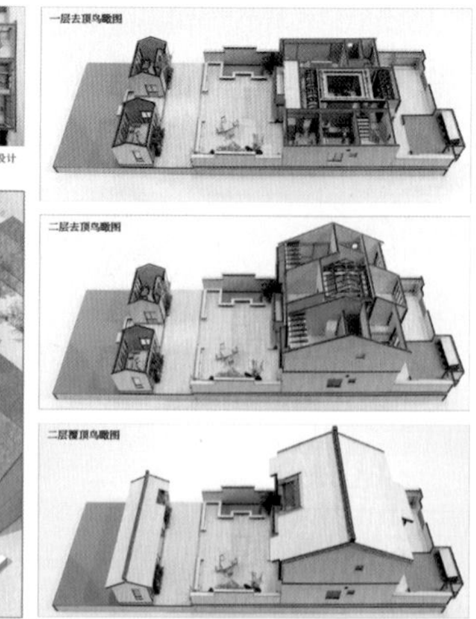

改造宅屋单体——03 分解模型照

Detail 2　所选取宅屋基地情况

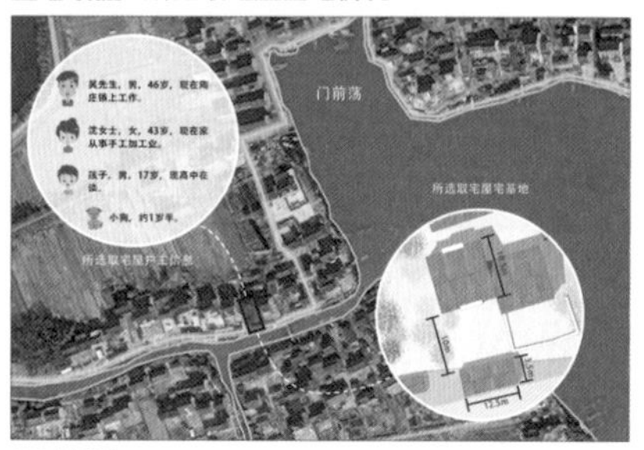

宅基地的特点

- 宅屋南向面河，乡路从南侧东西穿过。
- 宅屋为两层建筑，南北向的中段墙体外扩。
- 南向前院，摆有柴草垛植有树木；北侧杂院荒废闲置。
- 河边为三开间平房，中开间为用于洗衣、堆置杂物的灰空间，左右两间为厨餐厅。

宅基地的问题

- 前院直接临路，如何解决公共与私密空间的交接问题？
- 河边的三开间平房除了餐厨外，能否植入新功能？
- 三开间平房与道路直接相接，如何处理交接问题？
- 如何处理后院，使其能够满足晾晒及饲养家禽需求。
- 如何处理屋子的立面，使其更具有当地房屋的特色。

宅屋内部设想

宅屋内部为三开间布局，场地内的宅屋内部布局虽基本不可改动，但在三开间的基础上，以考虑村民现有生活习惯及工作情况，尝试以对宅屋的内部空间提出新的设想与可能，为该地新建宅屋提供参考。

Detail 3　宅屋平面图

宅屋平面——01 一层平面图

02 二层平面图

Detail 4　宅屋剖透视及立面图

宅屋剖透视图——01 客厅——院厅剖透视图

宅屋立面图——02 南立面图

宅屋立面图——03 北立面图

Detail 5　宅屋解决策略

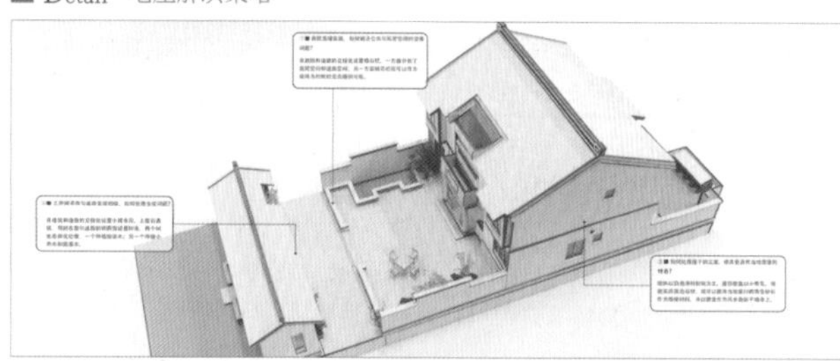

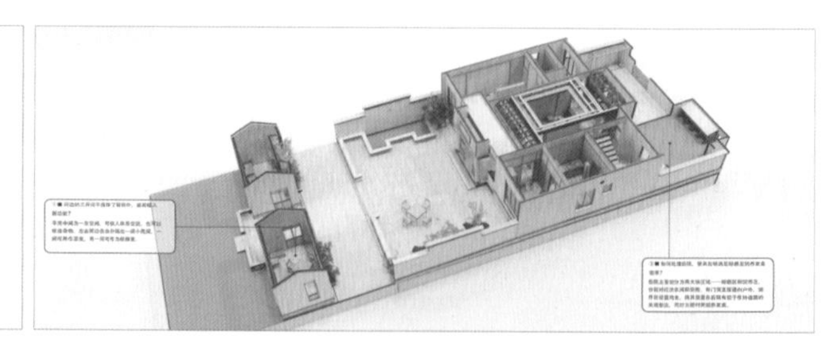

Detail 6　农宅设计选取菜单

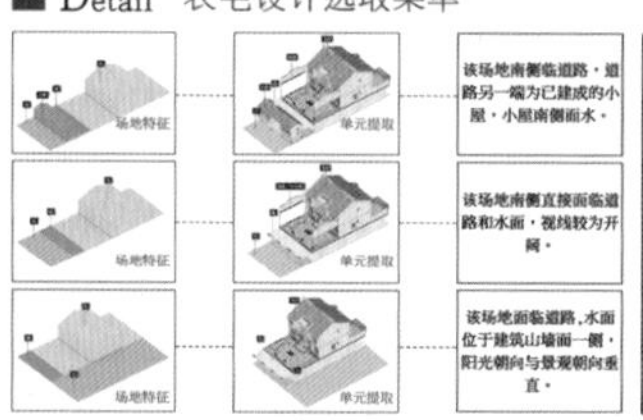

- 该场地南侧临道路，道路另一端为已建成的小屋，小屋南侧面水。
- 该场地南侧直接面临道路和水面，视线较为开阔。
- 该场地面临道路，水面位于建筑山墙面一侧，阳光朝向与景观朝向垂直。

宅屋设计选取菜单——01 场地

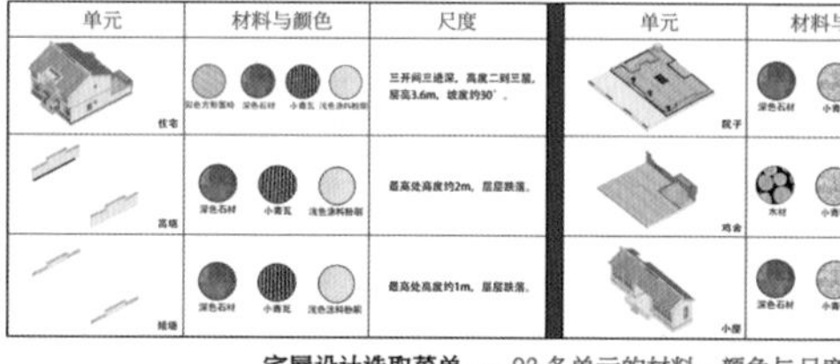

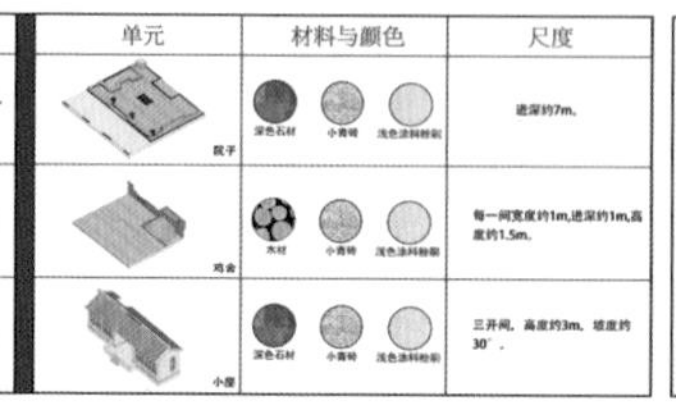

单元	材料与颜色	尺度
住宅	[illegible] 深色石材 小青瓦 浅色涂料粉刷	三开间三进深，高度二到三层，层高3.6m，坡度约30°。
高墙	深色石材 小青瓦 浅色涂料粉刷	最高处高度约2m，层层跌落。
矮墙	深色石材 小青瓦 浅色涂料粉刷	最高处高度约1m，层层跌落。

单元	材料与颜色	尺度
院子	深色石材 小青砖 浅色涂料粉刷	进深约7m。
鸡舍	木材 小青砖 浅色涂料粉刷	每一间宽度约1m,进深约1m,高度约1.5m。
小屋	深色石材 小青砖 浅色涂料粉刷	三开间，高度约3m，坡度约30°。

宅屋设计选取菜单——02 各单元的材料、颜色与尺度

选取宅屋的设计为村落其他住宅提供参考，根据不同情况，提供设计菜单进行选取转化。

宅屋设计选取菜单——03 户型

A户型：卧室数量较大，一楼设老人房，二楼书房可转为客房。

B户型：若家中无老人及行动不便者，可将老人房转为工作间。

专家点评　规划专家团

专家1：规划内容“田，水，荡”体现了嘉善乡村地域特色。作品主要呈现了村庄设计的内容，比较完整。但文化挖掘方面有待加强，产业分析的引导有待补充。

专家2：分析完整，作品完成度高，对乡村生活方式的重塑要求高。

专家3：标题很有特色，村庄设计内容与产业分析引导较完整。

专家4：空间总体设计合理，环境设计优秀。单体居民设计深入，模型效果较好。

专家5：模型分析很精彩，对村落现状空间、场地做了较深入的分析。村庄与农房设计及滨水空间结合较好，但缺少对村庄用地的功能分析，空间可以更好地利用，而且缺少空间场所分析，缺少开敞的公共空间。

专家6：空间表现较好。

浙江工业大学（城乡规划）

斯水今流 、窑火相承—— 干窑镇黎明村规划设计

设计感言：

嘉善乡村设计竞赛一路走来，我们整个团队收获良多。我们基本上都是从城市里走出来的孩子，对于乡村的理解可能真的是微乎其微。这次的乡村竞赛，让我们对乡村复兴有了新的想法。在设计干窑镇黎明村时，我们十分重视打造乡村文化和乡村特色。黎明村最具特色的是它拥有着盛产金砖的古窑旧址。一条水系蜿蜒穿过村庄，是村庄的生活主轴线。我们对黎明村的古窑文化和水文化进行延伸和新功能的植入，对文化进行复兴。也通过对村民生活的研究，还原乡村生活原态，将村庄的乡愁文化进行很好的还原。本次设计我们紧紧抓住了窑文化和水文化两个特色，运用了乡村意象五要素方案进行诠释。经过了这次设计比赛，我们整个小组的能力得到很大的提升，更加深刻地了解村庄，面对各种实际问题的解决能力也得以提高，收获良多。同时也非常感谢老师对我们的帮助和支持。

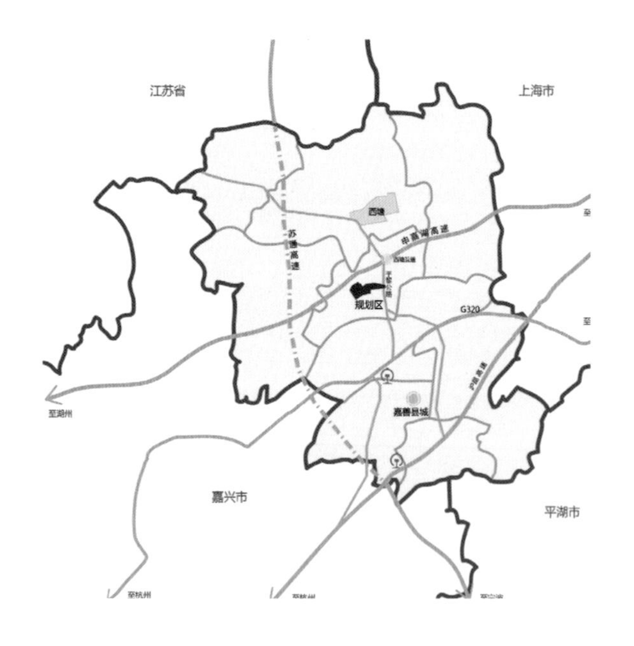

村庄区位

规划区位于嘉善县腹地位置，靠近嘉善县和干窑镇经济中心，带动黎明村发展。嘉善县已经形成了高速公路密布，比较完善的交通路网，因而规划区具有极佳的宏观交通条件，与周边地域间的信息紧密。

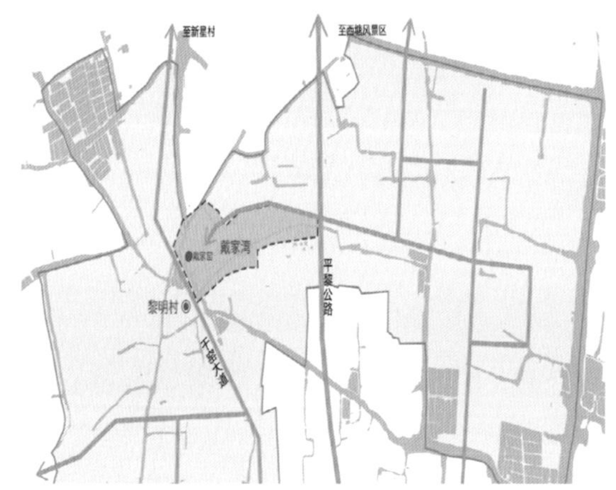

村庄简介

黎明村戴家湾三面环水，一面临田，一条河流似动脉般贯穿其中，村民临水而居，滨水而栖，水孕育了村庄的生命。窑火欣欣向荣，带来生命的起源，带动村庄的发展，是村庄底蕴的传承和延续。规划区内一条类似动脉的河流贯穿地块，建筑临水而建，人们依水而作，与河流进行生活的互动。村庄内的重要公共空间节点分布在水系两岸，是村民们日常生活和交流的主要场所。在村庄的核心位置，留存着县级文物保护单位戴家窑，依旧生产着金砖，是村庄文化和精神底蕴的重要组成部分。周边依旧留存着窑工浴室和库房等极富文化底蕴的历史场所。

村庄照片

戴家窑遗址照片

村内石拱桥照片

村内建筑照片

村内河道照片

田园景观照片

水系景观照片

嘉善县黎明村戴家湾乡村规划与创意设计

浙江省第二届大学生"乡村规划与创意设计"大赛

斯水今流 窑火相承

古村荣荣窑火旺 万物兴兴依水生

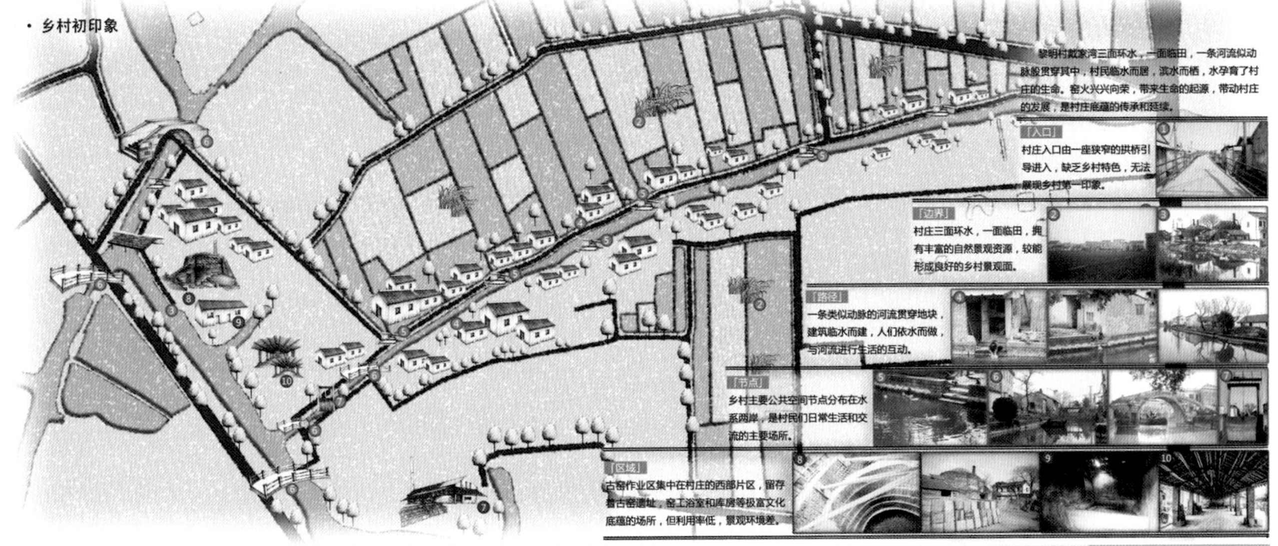

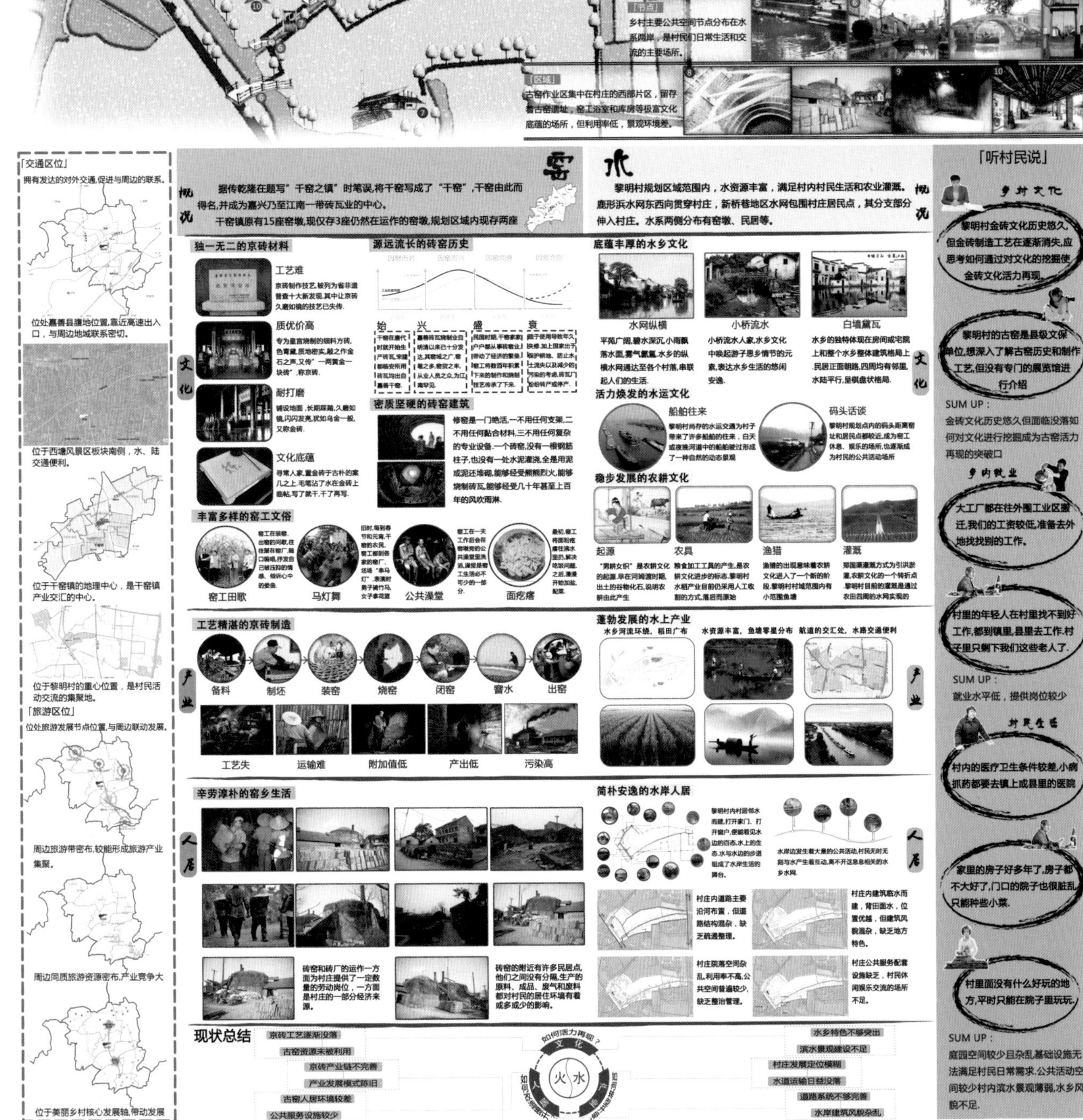

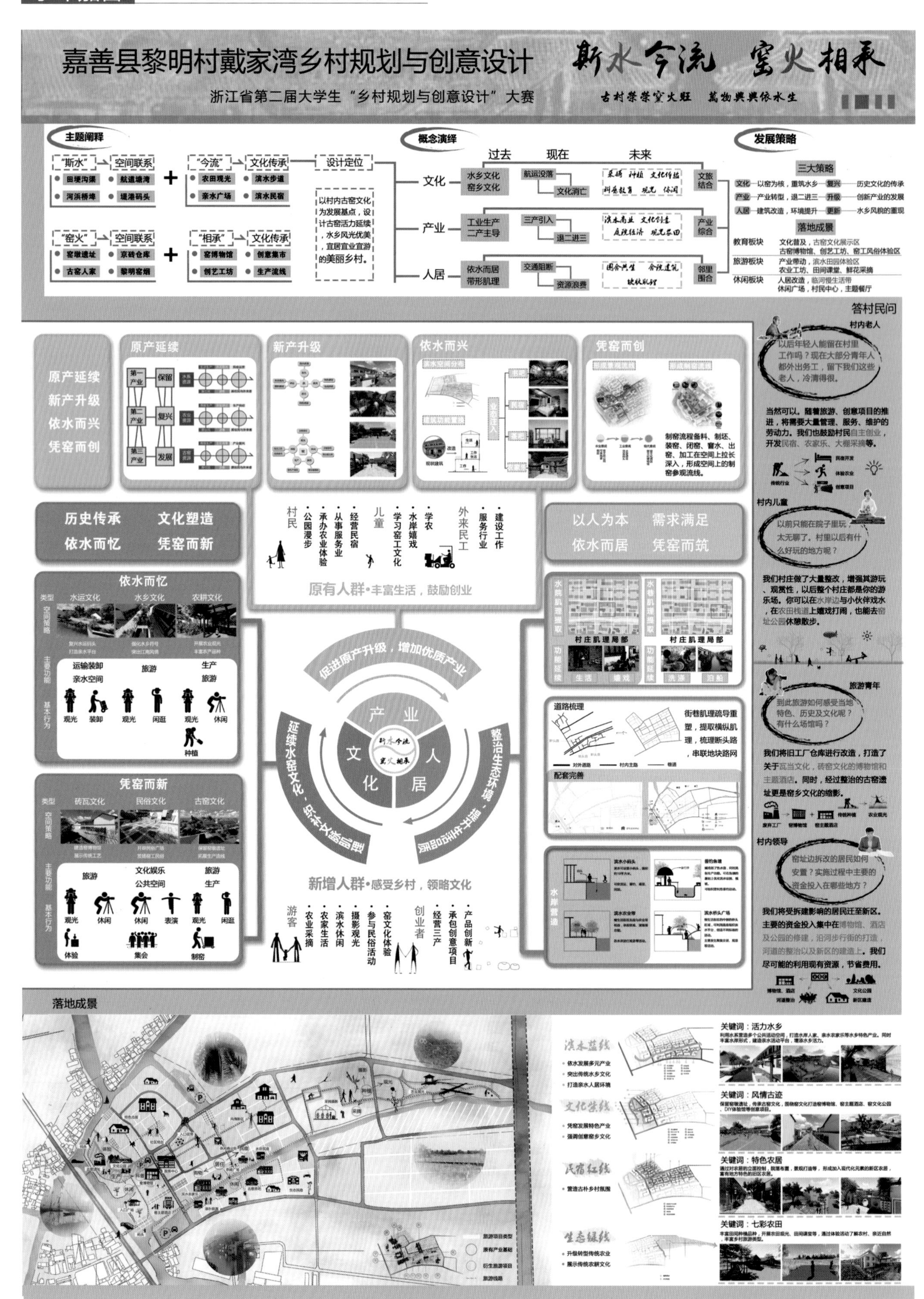

嘉善县黎明村戴家湾乡村规划与创意设计
斯水今流 窑火相承
浙江省第二届大学生“乡村规划与创意设计”大赛
古村荣荣窑火旺 万物兴兴依水生
主题阐释
概念演绎
发展策略
过去 现在 未来
文化
产业
人居
水乡文化 窑乡文化
航运没落
文化消亡
工业生产 二产主导
三产引入
退二进三
依水而居 带形肌理
交通阻断
资源浪费
文旅结合
产业综合
邻里围合
设计定位
以村内古窑文化为发展基点，设计古窑活力延续，水乡风光优美，宜居宜业宜游的美丽乡村。
三大策略
落地成景
教育板块
旅游板块
休闲板块
答村民问
村内老人
以后年轻人能留在村里工作吗？现在大部分青年人都外出务工，留下我们这些老人，冷清得很。
村内儿童
以前只能在院子里玩，太无聊了。村里以后有什么好玩的地方呢？
旅游青年
到此旅游如何感受当地特色、历史及文化呢？有什么场馆吗？
村内领导
窑址边拆改的居民如何安置？实施过程中主要的资金投入在哪些地方？
原产延续
新产升级
依水而兴
凭窑而创
历史传承 文化塑造
依水而忆 凭窑而新
以人为本 需求满足
依水而居 凭窑而筑
原有人群•丰富生活，鼓励创业
新增人群•感受乡村，领略文化
促进原产升级，增加优质产业
延续水窑文化，丰富文旅活动
整治生态环境，提升生活品质
产业
文化
人居
道路梳理
配套完善
落地成景
滨水蓝线
文化紫线
民宿红线
生态绿线
关键词：活力水乡
关键词：风情古迹
关键词：特色农居
关键词：七彩农田

嘉善县黎明村戴家湾乡村规划与创意设计

浙江省第二届大学生“乡村规划与创意设计”大赛

斯水今流 窑火相承

古村荣荣窑火旺 万物兴兴依水生

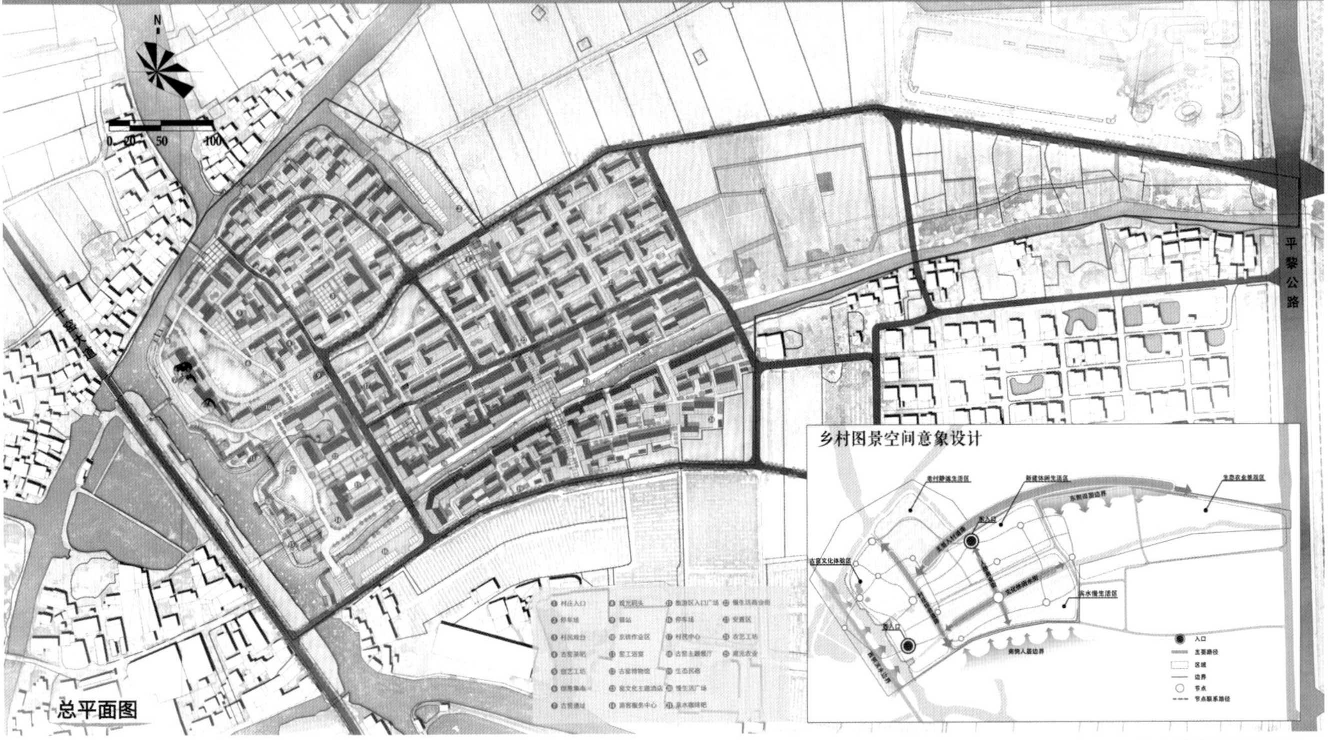

总平面图

平黎公路

乡村图景空间意象设计

入口
主要路径
区域
边界
节点
节点联系路径

意象·「入口」

入口示意图

东入口

西入口

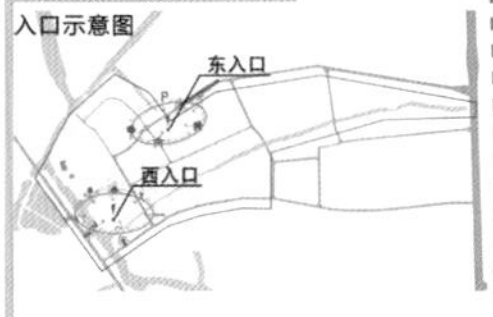

东面作为村庄主入口,提取水乡白墙黛瓦元素,搭配绿树,体现乡村水乡风貌,首先向人们展示乡村活力。

西入口主要采用金砖材料铺地,砖窑元素小品对乡村古窑文化进行展示，让游客第一时间体会窑乡风情。

东入口——水乡风韵

水乡文化墙
村口樟树
景观廊架
服务驿站
休闲凉亭
水道景观
室外茶座

西入口——窑乡风情

京砖景墙
垂钓平台
游步走廊
游客服务中心
京砖文化长廊
砖石拱桥
亲水平台
村庄牌坊

意象·「路径」

道路系统图

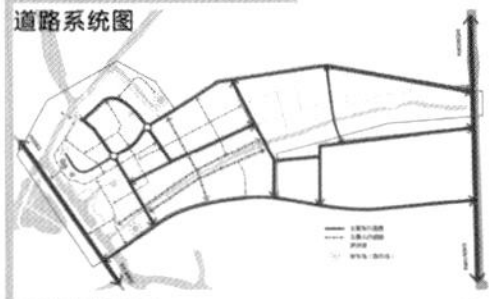

四大路径图

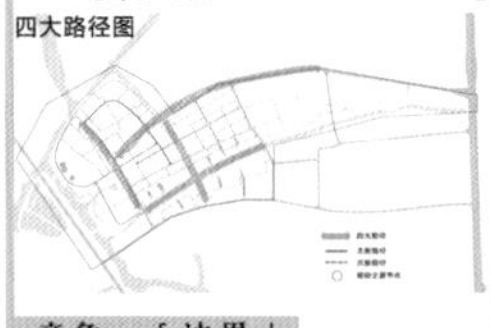

主要入村道路

人居商业街

村庄综合道路

文化休闲街

老区道路 改造

宅间巷弄 提升

乡野小路 整治

意象·「边界」

边界分析图

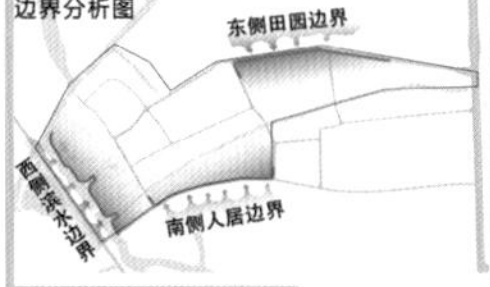

东侧田园边界

南侧人居边界

南边界立面

西边界鸟瞰

东边界景观

意象·「节点」

节点分析图

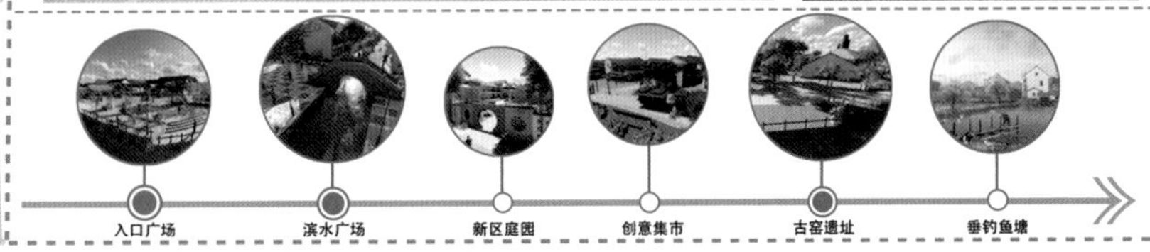

入口广场　滨水广场　新区庭园　创意集市　古窑遗址　垂钓鱼塘

「各方反馈」

村内居民：村内的环境看起来比以前好了很多，家里的庭园也变得整洁了。而且村里还办了那么多的项目，我也可以办办农家乐参与其中。

村内小孩：哇，村里面多了好多有趣的地方。我可以跟小伙伴们DIY制作陶艺，和朋友在荷塘采莲蓬，钓鱼玩。

外来游客：有了古窑博物馆和一些主题场所的设置，我可以深入了解古窑文化的历史，还可以沿河漫步在乡野之间，一定很舒适。

外来打工者：这里的仓库改建成了博物馆，还新建了酒店、新建区，一定缺少施工人员和服务人员，而且工作收益不错，我一定要去试试。

村内老人：村里变得热闹了，青年人们都归乡定居了。我们老人茶余饭后也可以去河岸边聊天、下棋，又可以观看风俗节目，生活变得有趣多了。

村内领导：在这个方案里看到了黎明村的京砖文化被深深地挖掘出来，而且使文化的活力再次焕发。水岸景观的整改，使得村庄的水乡风貌整体改善给村庄带来了活力。

嘉善县黎明村戴家湾乡村规划与创意设计

浙江省第二届大学生“乡村规划与创意设计”大赛

新水今流 窑火相承

古村荣荣窑火旺 万物兴兴依水生

生产线

⑨创意工坊 ⑩观光码头

⑦古窑茶吧 ⑧京砖作业区

⑤亲水平台 ⑥创意集市

③古窑博物馆 ④窑主题酒店

①入口公园 ②入口广场

西侧立面效果图

⑨种植型庭院 ⑩养殖型庭院

⑦休闲型庭院 ⑧休闲型庭院

⑤慢生活广场 ⑥沿河民宿

③游览型巷道 ④游览型道路

①居住型巷道 ②居住型巷道

滨水立面效果图

意象·「片区」

古窑文化体验区　老村静谧生活区　新建休闲生活区　滨水慢生活区

户型改造

建筑排布——自由式（尊重现状）

框架结构

框架肌理

建筑排布——围合式

新建户型

建筑综合改造

对建筑材料进行选择，对综合管线进行重新设计应用，形成永续、绿色的建筑体系。

改造成果

建筑剖透

建筑立面

组团入口

组团效果图

观光码头　古窑遗址　窑主题酒店　创意集市　创意工坊　京砖作业区　古窑茶吧　旅游区入口广场　古窑博物馆　驿站　村民健身中心　游客服务中心　窑文化主题商业　村民中心　沿河民宿　休闲庭院　村主入口　窑主题餐厅　慢生活广场　农家乐　生态民居　慢生活广场　滨水咖啡吧　观光农业　农家乐

古窑文化体验区鸟瞰

滨水慢生活区鸟瞰

老村静谧生活区鸟瞰

新建休闲生活区鸟瞰

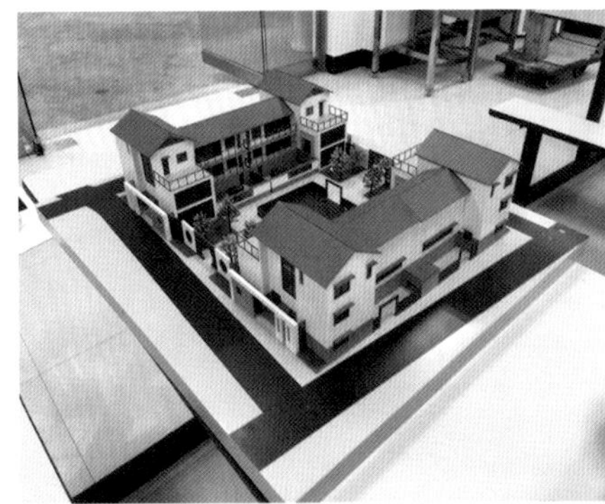

专家点评　规划专家团

专家1

农房建筑、村庄格局与分析设计很到位，设施与配套较完善，尤其是窑文化挖掘得很恰当，但元素的运用也要加强，产业引导要加强。

专家2

调研与问题的提出针对性强，文化的分析挖掘较深，提出的发展举措可行性高。

专家3

围绕古窑展开规划设计构思，有亮点。合院式居民设计可达到省地高效的目的，模型精细。

专家4

农房建筑、村庄格局与分析设计很到位，设施配套提升完善，对窑文化进行了挖掘，窑制砖瓦在建筑中进行了运用，体现了干窑特色。产业分析有一点，但有待深入，缺少引导。

专家5

分析图纸表达设计主题与意图，非常老道。功能、空间场所分析、主题阐释与概念演绎不错（如发展策略、水火、过去、现在、未来）。缺点是围合院落的村民接受度，内部厅堂位置不合理，不符合乡村村民活动特点，水乡风貌也有待进一步提升。

专家6

以水而展开，定位准确。

浙江理工大学（风景园林）

大往乡村—— 姚庄镇展幸村规划设计

“大往乡村”获奖感言——无法解说的“微根窗”哲思

2016年9月29日　国庆前夕台风雨中

带上模型，去嘉善县接受专家评价。

在既紧张又兴奋的心情中，我们对自己说，无论最后获奖情况如何，我们都已经努力了——我们只想为大往遗址留下些“根”的记忆。然而，说不紧张其实是假的，说不累也是假的，说不在乎也是假的。其实，我们很在乎我们的付出，希望可以得到充分的肯定。毕竟，我们的辛劳和压力曾经如同暗夜中的萤火虫，微弱而执着！

其中，付出最多的包莹同学。她在整个的竞赛过程中，一直都是黑着眼圈的，黑眼圈从来没有褪下来过。她对图面上细节的完美追求几乎达到了极致。而我作为指导老师，则是对理念的追求——力求深入挖掘，凸显大往遗址的价值。在理念的形成过程中，我们的系主任胡绍庆教授、博士后胡广副教授，给予了非常多的建议和指导！还有我们的校外指导林旋所长，则在一开始的任务书解读、成果目标的要点确定、时间节点的准确把握上都给出了最清晰的指向！指导老师秦安华，则一直给我们整个团队一个非常沉稳、可靠的定心丸——任何的困难和纠结，到了他面前，总能够四两拨千斤地得到最有效、最快捷地解决！

在这样的不断锤炼过程中，我们一直无法满意——一直不能释怀——5000年的大往史前遗址，不能仅仅是一个废墟而已！无数的纠结，无数的否定、再否定……以至于最后，我们几乎无法为竞赛成果画上句号！

曾记否？第一次乡村踏勘回来，秦老师就一针见血地指出，这就是一个乡村，一个宁静的乡村。可是，这里有5000年前的历史开端，这里有老房子！这里有农民！我们能做什么？我们不能做什么？我们最核心的工作应该是什么？乡村规划的标准是什么？一切都是未知和迷茫的。我们于是一直不断挖掘，一直徘徊在迷茫与清晰之间，一直希望找到一扇窗、一扇门，能够一下子看清楚内在的关键和逻辑。这期间，我们团队接受了一种新事物：微根窗——一种用来研究和检测根系植物生长量的技术设备。我们开始慢下来，开始愿意面对很烦乱的“大往根系”——静下来好好地梳理。一切整理清楚了，最后要确定标题了，我们发现，我们一直信仰的根窗，无法用图文表达出来！

最后，回到了最初的印象——乡村，我们寻找古老“乡村”文字。我们确信，“大往乡村”——源于5000年前史前农耕文化，延续至今，大往乡村就是“写在大地上的农业文化档案”。这就是这块土地的核心价值。

从我们一开始提出“大往记忆寻千年，莲花禅意印水乡”的愿想，到最后的图文实现和表达，我们经历过无数日夜的纠结——既有热血沸腾的憧憬，也有争论激烈的时候。

让我们能够坚持下来的力量，是源于嘉善县规划院、展幸村委、展幸村民从一开始就对我们寄予的期望；源于一路上坚决支持我们、关心我们、爱护我们的各位领导、师长、专家、同事、朋友。

可以说，所有过程中的汗水与泪水，所有追求中的困难与要求，所有成果中的完美和瑕疵，都如此深刻地印记在了我们团队的每个人心里！

所以，听到我们是“一等奖”的时候，我们的同学都喊出来了！惊喜溢于言表。

结束了么？大往乡村规划真的画上了句号了么？我们对大往乡村的牵挂，真的可以统统放下么？没有，新的起点和征程，已即将开始。

春华秋实——规划过程的时间节点

● 时间节点 1：
2016 年 3 月 23 日　春花烂漫
现场外业调查，
返回杭州进入基地调查资料内业汇总、讨论阶段。

● 时间节点 2：
2016 年 4 月 16 日　风雨交加
现场补充调查与访谈，主要补充水质调查、土壤调查等，展开初步规划构思。

● 时间节点 3：
2016 年 4 月 30 日　放假前夕
完成初步方案与杭州市规划院对接，交流与讨论，促进工作进展。

● 时间节点 4：
2016 年 7 月 24 日　暑假期间
完成初稿文本，与杭州市规划院对接，交流与讨论，修正成果。

● 时间节点 5：
2016 年 8 月 10 日　暑去立秋
与当地相关部门就方案展开讨论与修正，递交成果。

● 时间节点 6：
2016 年 9 月 29 日　国庆前夕
带上模型，去嘉善县接受专家评价。获奖。

● 时间节点 7：
2016 年 9 月 30 日　金桂飘香
获奖翌日。周五，去系办公室之前，先完成了学校通讯稿件的发送。然后去系办，我们的两位胡老师，非常确定地告诉我们竞赛小组，大往乡村值得继续挖掘……
傍晚，浙江省风景园林学会主办的“第 2 届浙江省大学生作品竞赛”的通知来了……

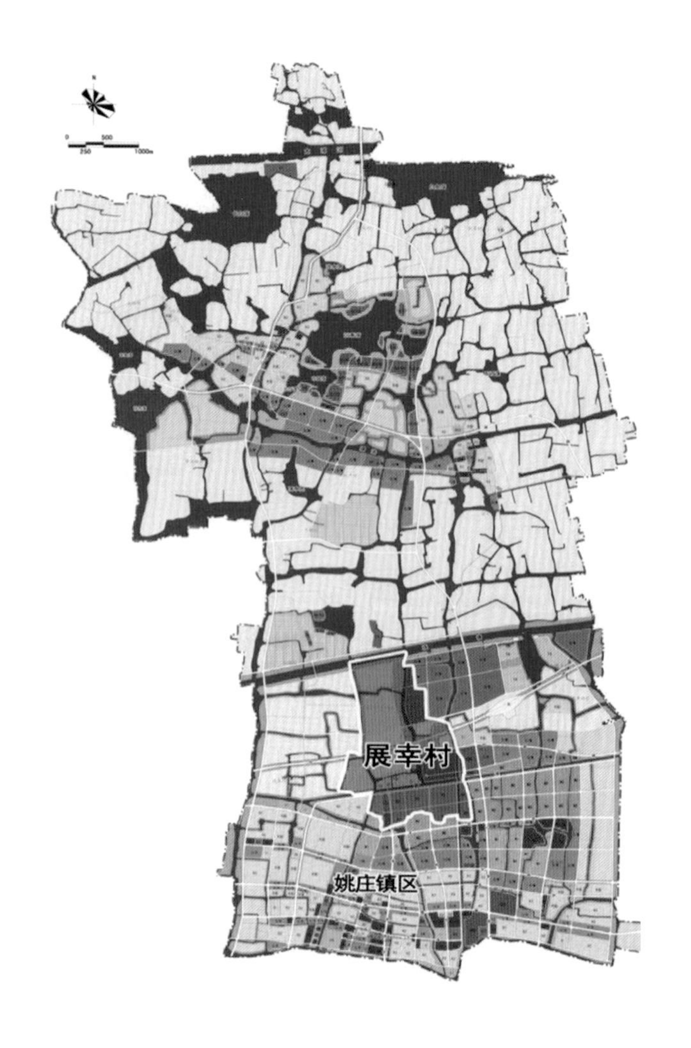

村庄区位

地理区位：姚庄镇临沪新区，银边嘉善中的金角。展幸村位于姚庄镇中部，南接姚庄镇区，东与南鹿村接壤，西邻武长村，北隔红旗塘与北鹤村相望。

交通区位：申嘉湖高速公路与万泰路设有互通；村域主要对外交通由南向北是康庄工程道路，南接利群路，西连北鹤村。

村庄简介

展幸村辖莲花泾、西徐浜、袁家埭、钱家浜、道义生、庄家桥、塔家浜等 7 个自然村，12 个村民小组。截至 2016 年 3 月，原农户 424 户，总人口 1652 人，其中 164 户已经迁出村域，户数变为 260 户，人口数为 1006 人，原宅基地得到复耕。目前，展幸村公共服务设施集中位于莲花泾自然村，主要包括了社区服务中心、文化大礼堂、卫生服务站、活动中心、图书室、居家养老服务照理中心、村民广场、公园绿地、“大往圩”遗址公园等。

展幸村位于杭嘉湖平原水网地区，地势平坦，水网密布，属亚热带季风气候，气候温和湿润，四季分明，温度适中。村庄水质总体较好，局部存在污染情况。村域范围河流众多水系格局清晰，西界姚庄港，东界东栅河，东西向有新景港，南北向有斜路港、莲花泾等水系连接，与区域外红旗塘等河流水系，构成富有地域特色的完整的“圩田”格局单元。

村庄照片

村内河道照片

村内建筑照片

村内景观照片

村内河道照片

村内建筑照片

村内景观照片

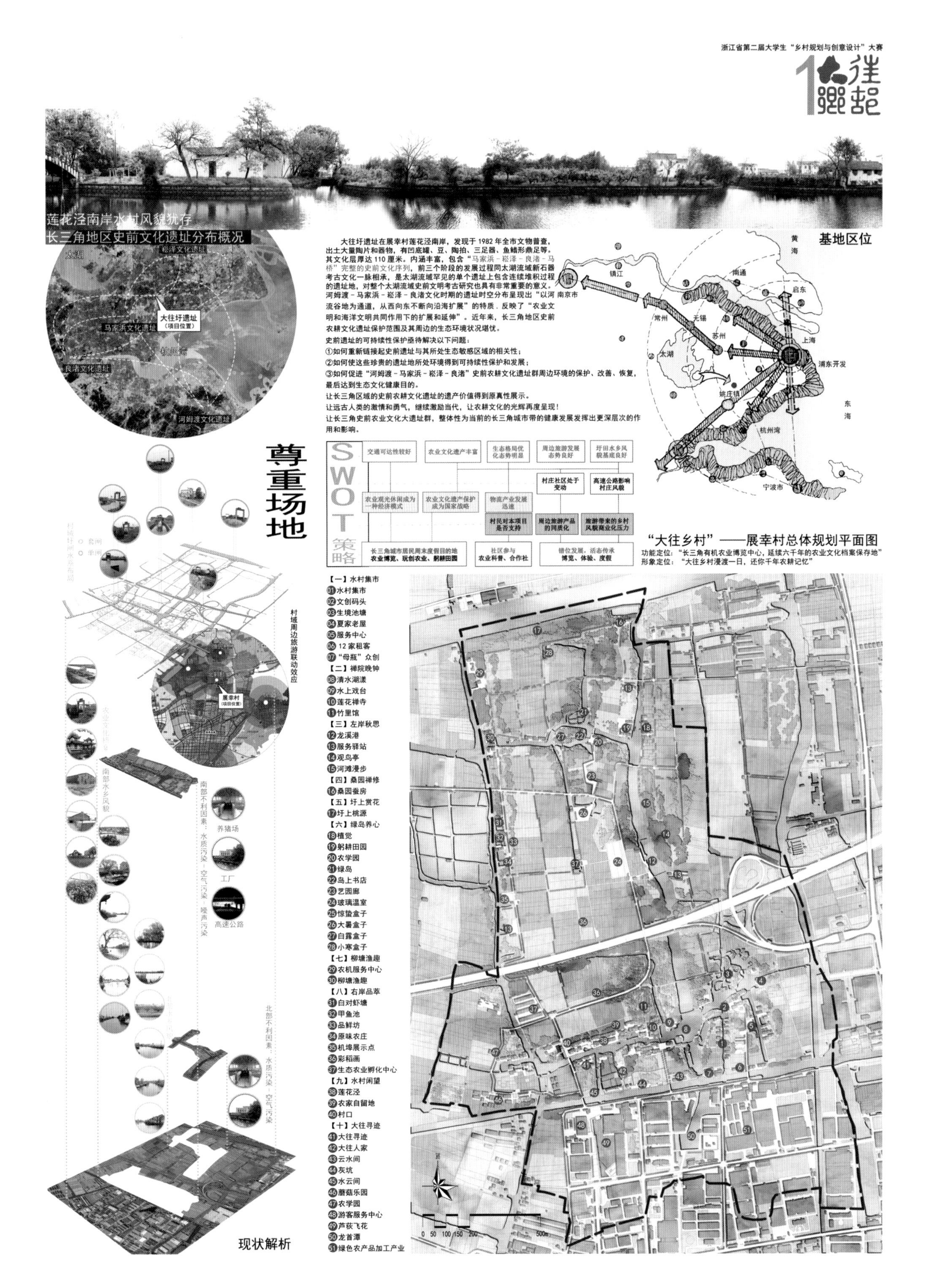
浙江省第二届大学生“乡村规划与创意设计”大赛
莲花泾南岸水村风貌犹存
长三角地区史前文化遗址分布概况
太湖
崧泽文化遗址
大往圩遗址（项目位置）
马家浜文化遗址
良渚文化遗址
河姆渡文化遗址
大往圩遗址在展幸村莲花泾南岸，发现于 1982 年全市文物普查，出土大量陶片和器物，有凹底罐、豆、陶拍、三足器、鱼鳍形鼎足等。其文化层厚达 110 厘米。内涵丰富，包含“马家浜－崧泽－良渚－马桥”完整的史前文化序列，前三个阶段的发展过程同太湖流域新石器考古文化一脉相承，是太湖流域罕见的单个遗址上包含连续堆积过程的遗址地，对整个太湖流域史前文明考古研究也具有非常重要的意义。河姆渡－马家浜－崧泽－良渚文化时期的遗址时空分布呈现出“以河流谷地为通道，从西向东不断向沿海扩展”的特质．反映了“农业文明和海洋文明共同作用下的扩展和延伸”。近年来，长三角地区史前农耕文化遗址保护范围及其周边的生态环境状况堪忧。
史前遗址的可持续性保护亟待解决以下问题：
①如何重新链接起史前遗址与其所处生态敏感区域的相关性；
②如何使这些珍贵的遗址地所处环境得到可持续性保护和发展；
③如何促进“河姆渡－马家浜－崧泽－良渚”史前农耕文化遗址群周边环境的保护、改善、恢复，最后达到生态文化健康目的。
让长三角区域的史前农耕文化遗址的遗产价值得到原真性展示。
让远古人类的激情和勇气，继续激励当代，让农耕文化的光辉再度呈现！
让长三角史前农业文化大遗址群，整体性为当前的长三角城市带的健康发展发挥出更深层次的作用和影响。
基地区位
黄海
南京市
镇江
南通
启东
常州
无锡
苏州
上海
太湖
浦东开发
姚庄镇
东海
杭州湾
宁波市
尊重场地
S
W
O
T
策略
交通可达性较好
农业文化遗产丰富
生态格局优化态势明显
周边旅游发展态势良好
圩田水乡风貌基底良好
村庄社区处于变动
高速公路影响村庄风貌
农业观光休闲成为一种经济模式
农业文化遗产保护成为国家战略
物流产业发展迅速
村民对本项目是否支持
周边旅游产品的同质化
旅游带来的乡村风貌商业化压力
长三角城市居民周末度假目的地
农业博览、玩创农业、躬耕田园
社区参与
农业科普、合作社
错位发展，活态传承
博览、体验、度假
“大往乡村”——展幸村总体规划平面图
功能定位：“长三角有机农业博览中心，延续六千年的农业文化档案保存地”
形象定位：“大往乡村漫渡一日，还你千年农耕记忆”
村域周边旅游联动效应
展幸村（项目位置）
养猪场
工厂
高速公路
南部不利因素：水质污染、空气污染、噪声污染
北部不利因素：水质污染、空气污染
南部水乡风貌
现状解析
【一】水村集市
01 水村集市
02 文创码头
03 生境池塘
04 夏家老屋
05 服务中心
06 12 家租客
07 “母瓶”众创
【二】禅院晚钟
08 清水湖漾
09 水上戏台
10 莲花禅寺
11 竹里馆
【三】左岸秋思
12 龙溪港
13 服务驿站
14 观鸟亭
15 河滩漫步
【四】桑园禅修
16 桑园蚕房
【五】圩上赏花
17 圩上桃源
【六】绿岛养心
18 植觉
19 躬耕田园
20 农学园
21 绿岛
22 岛上书店
23 艺园廊
24 玻璃温室
25 惊蛰盒子
26 大暑盒子
27 白露盒子
28 小寒盒子
【七】柳塘渔趣
29 农机服务中心
30 柳塘渔趣
【八】右岸品萃
31 白对虾塘
32 甲鱼池
33 品鲜坊
34 原味农庄
35 机埠展示点
36 彩稻画
37 生态农业孵化中心
【九】水村闲望
38 莲花泾
39 农家自留地
40 村口
【十】大往寻迹
41 大往寻迹
42 大往人家
43 云水间
44 灰坑
45 水云间
46 蘑菇乐园
47 农学园
48 游客服务中心
49 芦荻飞花
50 龙首潭
51 绿色农产品加工产业
0 50 100 150 200 500m

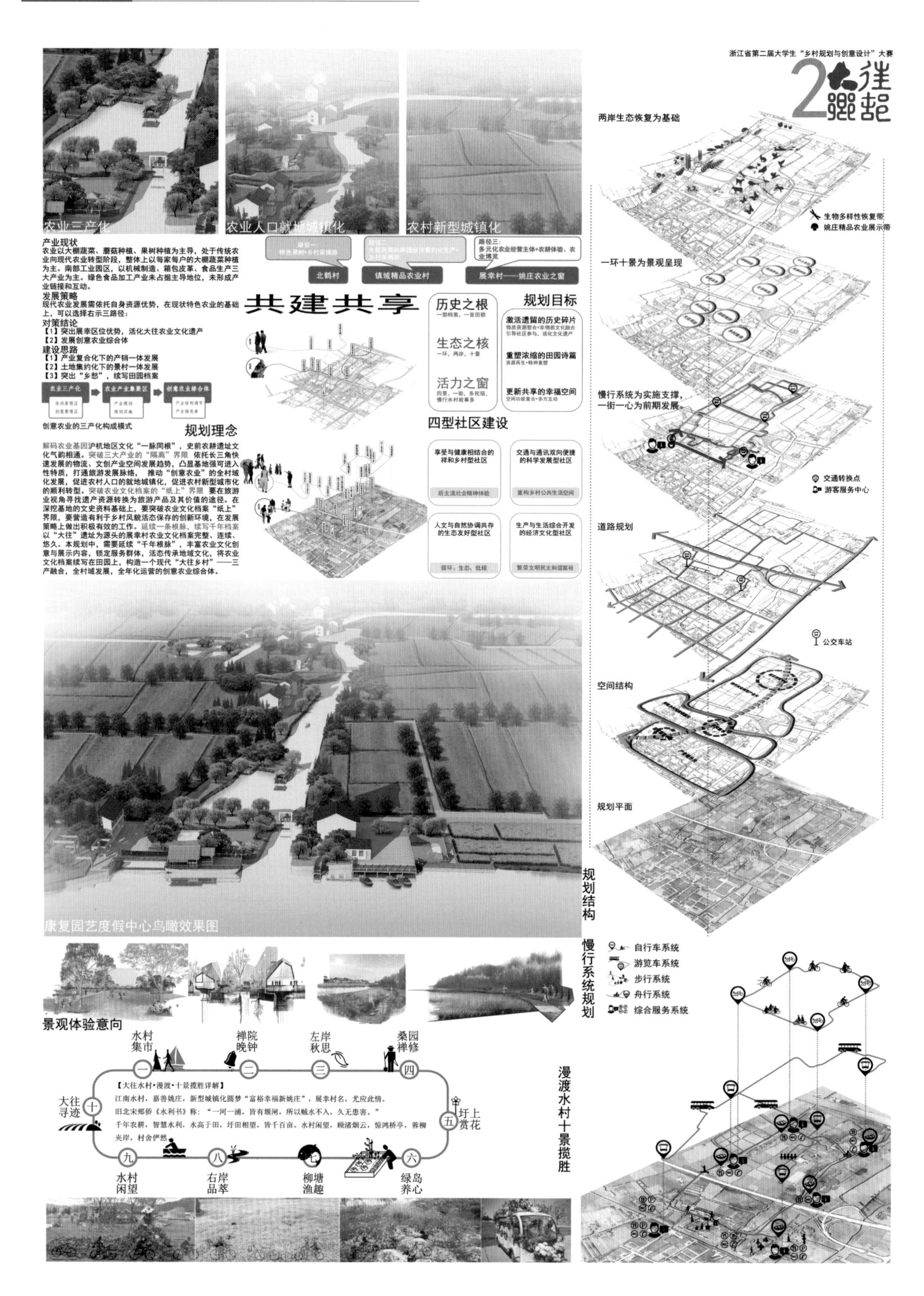
浙江省第二届大学生“乡村规划与创意设计”大赛
农业三产化
农业人口就地城镇化
农村新型城镇化
产业现状
农业以大棚蔬菜、蘑菇种植、果树种植为主导，处于传统农业向现代农业转型阶段，整体上以每家每户的大棚蔬菜种植为主。南部工业园区，以机械制造、箱包皮革、食品生产三大产业为主。绿色食品加工产业未占据主导地位，未形成产业链接和互动。
发展策略
现代农业发展需依托自身资源优势，在现状特色农业的基础上，可以选择右示三路径：
对策结论
【1】突出展幸区位优势，活化大往农业文化遗产
【2】发展创意农业综合体
建设思路
【1】产业复合化下的产销一体发展
【2】土地集约化下的景村一体发展
【3】突出“乡愁”，续写田园档案
农业三产化
农业产业集聚区
创意农业综合体
创意农业的三产化构成模式
规划理念
解码农业基因沪杭地区文化“一脉同根”，史前农耕遗址文化气韵相通。突破三大产业的“隔离”界限 依托长三角快速发展的物流、文创产业空间发展趋势，凸显基地强可进入性特质，打通旅游发展脉络， 推动“创意农业”的全村域化发展，促进农村人口的就地城镇化，促进农村新型城市化的顺利转型。突破农业文化档案的“纸上”界限 要在旅游业视角寻找遗产资源转换为旅游产品及其价值的途径。在深挖基地的文史资料基础上，要突破农业文化档案“纸上”界限，要营造有利于乡村风貌活态保存的创新环境，在发展策略上做出积极有效的工作。延续一条根脉，续写千年档案 以“大往”遗址为源头的展幸村农业文化档案完整、连续、悠久。本规划中，需要延续“千年根脉”，丰富农业文化创意与展示内容，锁定服务群体，活态传承地域文化，将农业文化档案续写在田园上，构造一个现代“大往乡村”——三产融合，全村域发展，全年化运营的创意农业综合体。
路径三：
多元化农业经营主体+农耕体验、农业博览
北鹤村
镇域精品农业村
展幸村——姚庄农业之窗
共建共享
历史之根
一部档案，一首田歌
生态之核
一环，两岸，十景
活力之窗
四景，一街，多民宿，慢行水村故事多
规划目标
激活遗留的历史碎片
物质资源整合+非物质文化融合
引导社区参与，活化文化遗产
重塑浓缩的田园诗篇
资源再生+精神重塑
更新共享的幸福空间
空间功能复合+多方互动
四型社区建设
享受与健康相结合的祥和乡村型社区
后主流社会精神体验
交通与通讯双向便捷的科学发展型社区
重构乡村公共生活空间
人文与自然协调共存的生态友好型社区
循环、生态、低碳
生产与生活综合开发的经济文化型社区
繁荣文明民主和谐富裕
两岸生态恢复为基础
生物多样性恢复带
姚庄精品农业展示带
一环十景为景观呈现
慢行系统为实施支撑，一街一心为前期发展
交通转换点
游客服务中心
道路规划
公交车站
空间结构
规划平面
规划结构
康复园艺度假中心鸟瞰效果图
慢行系统规划
自行车系统
游览车系统
步行系统
舟行系统
综合服务系统
景观体验意向
水村集市
禅院晚钟
左岸秋思
桑园禅修
大往寻迹
圩上赏花
水村闲望
右岸品萃
柳塘渔趣
绿岛养心
【大往水村·漫渡·十景揽胜详解】
江南水村，嘉善姚庄，新型城镇化圆梦“富裕幸福新姚庄”，展幸村名，尤应此情。
旧北宋郏侨《水利书》称：“一河一浦，皆有堰闸，所以贼水不入，久无患害。”
千年农耕，智慧水利，水高于田，圩田相望，皆千百亩。水村闲望，顾渚烟云，惊鸿桥亭，蓉柳夹岸，村舍俨然
漫渡水村十景揽胜

浙江省第二届大学生“乡村规划与创意设计”大赛

A-A 断面图

B-B 断面图

生态河道断面

C-C 断面图

A-A 放大断面夜景图

自然教育设施

土壤元素含量

元素	C	N	P	K	Mn	Zn	Cu	Pb	Cr
AM	15.37	120.21	11.02	126.73	55.75	4.58	5.55	2.25	0.04
中国土壤背景值					540.00	68	20.7	23.5	57.3
土壤速效养分分级	三级	二级	三级	二级					

水体氧气含量

8
7
6
5
4
3
2
1
0
氧气含量（mg/L）

农田环境取水点

聚居环境取水点

工厂与养猪场环境取水点

适应生物多样性的乡土植物选择

水杉 垂柳 梨树
女贞 竹子 黄桃
乌桕 拳桑 水葱
鸢尾 荷花 鸭舌草
香蒲 狐尾藻 苦草

3 大往崛起

生态重建

河道生态修复策略

步骤 立面展示 开展活动

现状 改造

初期修复 改造 运动 旅游

持续建设 改造 运动 旅游 科普 摄影

林带恢复 滞水区 生态护坡 河流

生态格局分析

策略

◎突出优势

当前，展幸村的生态格局优化态势明显——随着姚庄镇“两分两换”农房改造集聚试点工程的推进，有效促进了农田生态供给系统的土地空间完整化、集约化，推动了生态格局的优化发展。

◎ 改善劣势

高速公路割裂空间：申嘉湖高速贯穿村域，破坏了村域空间的整体性，对内部的交通组织、空间布局、项目策划带来了一定的不利影响，需要在规划设计过程中，着力研究对策，有效解决该项挑战。

依据刘松年《四景山水图》规划构思

组团	主题	画意景观	景观元素
柳堤	踏春	堤边庄院，桃李争妍。	桃李、春堤
荷亭	纳凉	柳岸虚堂，水亭翼然。	荷花、水亭
枫居	登高	水岸人家，青红如绣。	枫坡、秋水
松庭	赏雪	静舍深居，松茂石奇。	松荫、奇石

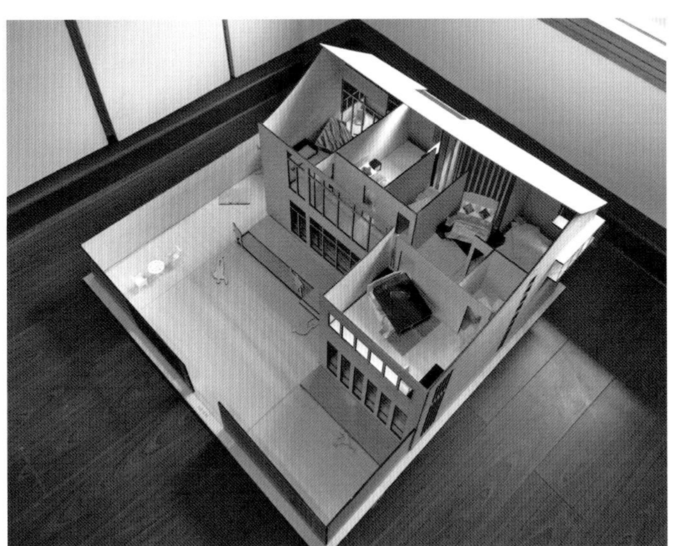

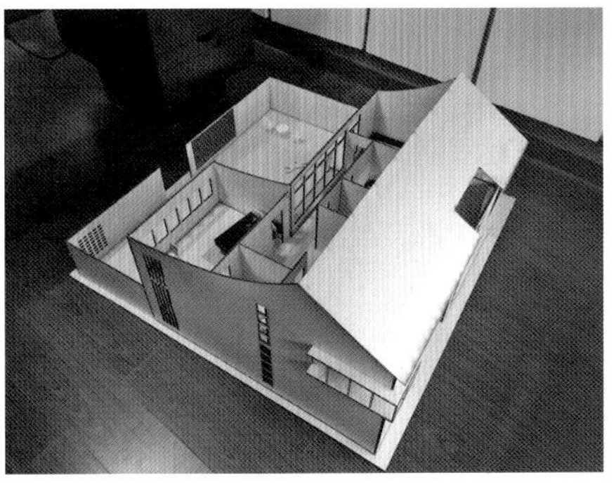

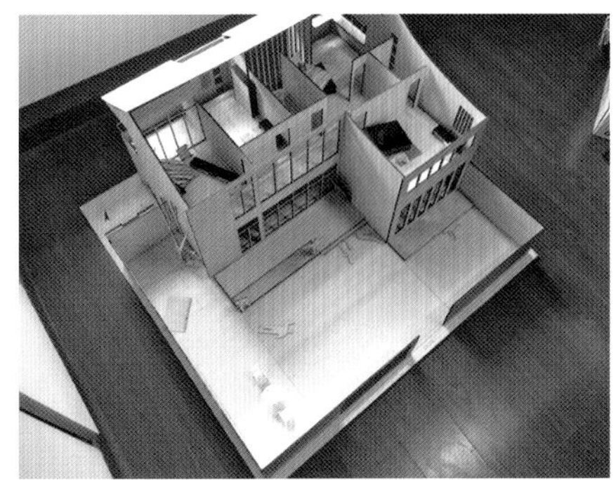

〈 专家点评　规划专家团

专家1：优点：唤醒记忆、生态重建、共建共享；尊重场地，提出有意思的历史文化挖掘。缺点：需加强农房分析和建筑展现。

专家2：尊重场地，调研完整，规划全面，有创意。

专家3：对规划设计范围内的考古遗址进行了有针对性的处理，景观生态设计等内容较为扎实。

专家4：唤醒记忆，生态重建，共享共建（产业），尊重场地历史文化挖掘，农房分析和建筑展现了特色。

专家5：优点：河道生态重建，生态修复策略（河道断面场地分析，空间节点），户型：隐秘空间，围合封闭。缺点：缺少村民生产、生活需求分析。农房设计未体现乡土建筑特色与水乡风貌特色。

浙江大学（城乡规划）

那水、那田、那院—— 姚庄镇中联村规划设计

设计感言：

乡村公共空间是乡村生活的写照。本次设计中，我们基于场所精神，从文化与情感角度出发，进行空间设计。设计过程对于我们而言，不仅是一次对乡村生活深层次的探索，也是一场将现代化设计手法与乡土元素相融合的有趣“实验”。通过这次团队作战，我们意识到团队成员相互合作的重要性。团队合作往往能激发出个体潜力，团队合作成果远远超越个体业绩的简单总和。

村庄区位

地理区位：中联村所在的姚庄镇位于嘉善县最东北端，姚庄镇是嘉善的东大门，东邻上海，西面又与西塘镇接壤；中联村位于姚庄镇的西部地理区位上靠近西塘，也利于吸引上海的资源。

交通区位：申嘉湖高速通过姚庄镇镇中，中联村南北两端有公路对接申嘉湖高速，对外交通便利。

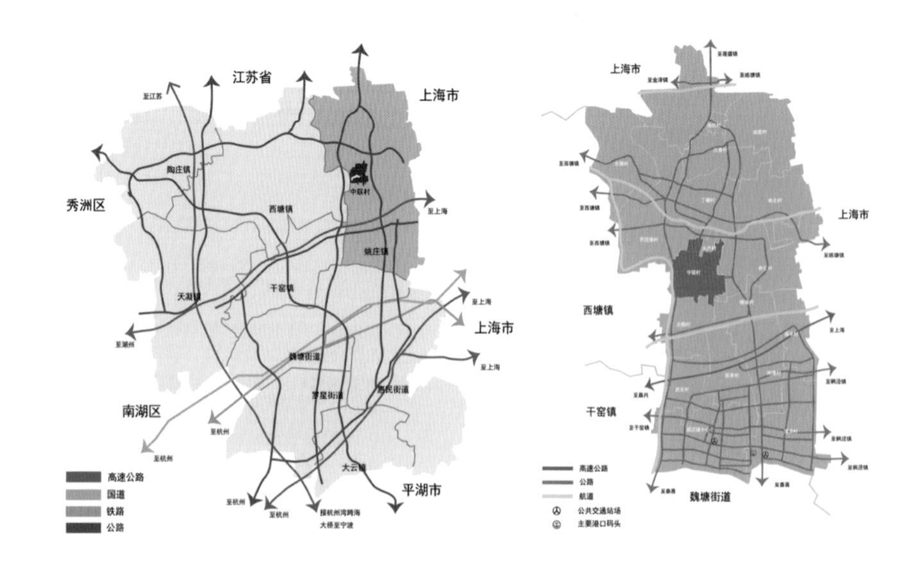

村庄简介

中联村位于姚庄镇的北面，南邻姚庄北鹤，西邻西塘东汇，全村有 2 个自然村：新开河、杨家浜，6 个片：西浜、东埭、西埭、中段、四角、新开河。村内户数共有 360 户，人口为 1327 人；全村区域面积 2.68 平方公里，以平原为主，耕地面积 2871 亩，有农业、水产养殖等产业。2014 年，中联村实现工农业总产值 1.38 亿元，村民人均纯收入 22508 元。

中联村内河道密布，有两条“五水共治”（夜叉港、新开河小港）的河道。中联村杨家浜村港呈带状至西向东穿过规划区，截面最宽约 38m、最窄约 10m。规划区内杨家浜村港水质一般，河内有部分生活垃圾，河边停靠了居民废置的水泥船。村内乡土要素保存较完好，有清末古建筑保留。

村庄照片

村内河道照片

村内建筑照片

村内景观照片

村内全景照片

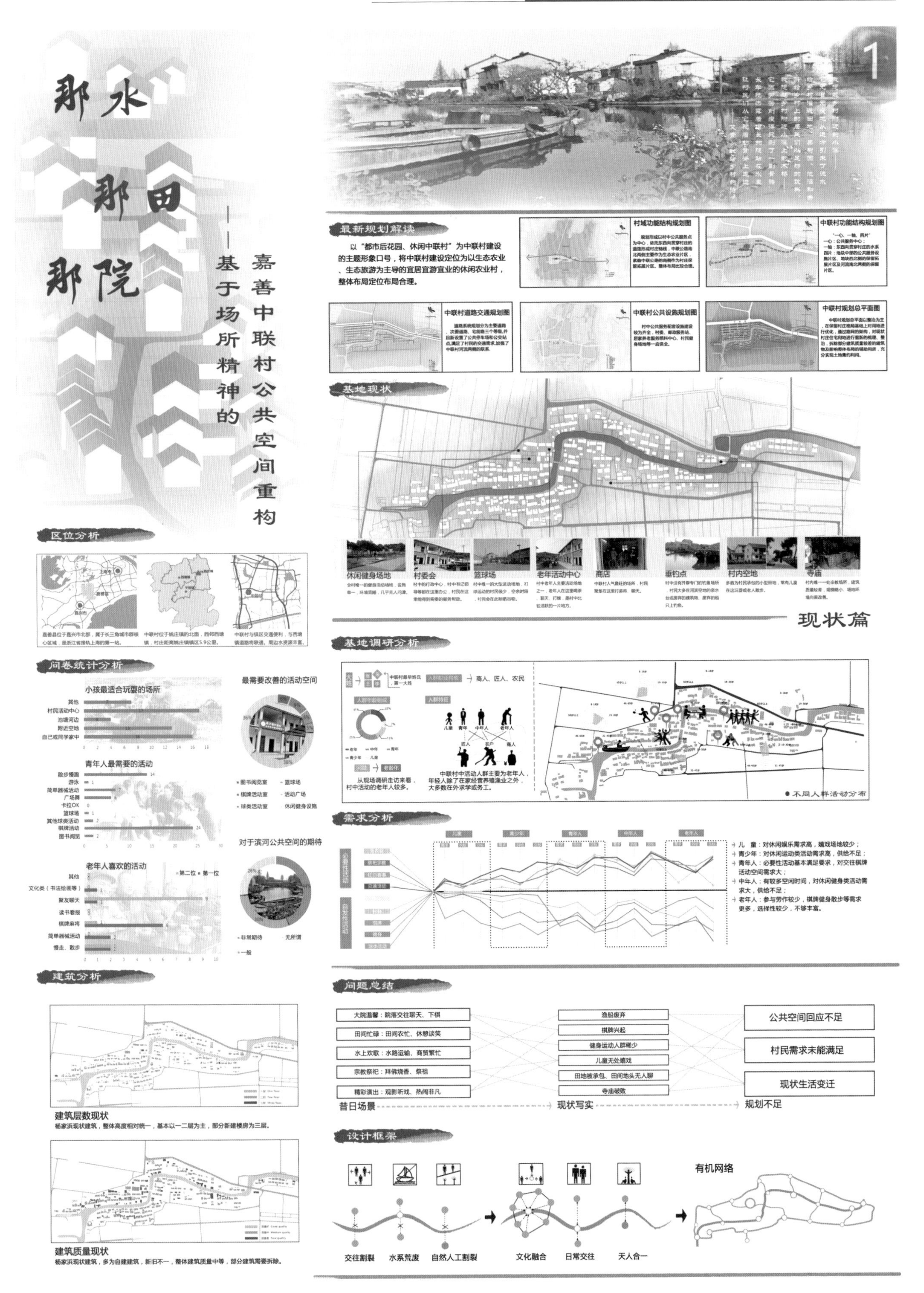

那水 那田 那院
——基于场所精神的嘉善中联村公共空间重构
1
最新规划解读
以“都市后花园、休闲中联村”为中联村建设的主题形象口号，将中联村建设定位为以生态农业、生态旅游为主导的宜居宜游宜业的休闲农业村，整体布局定位布局合理。
村域功能结构规划图
中联村功能结构规划图
中联村道路交通规划图
中联村公共设施规划图
中联村规划总平面图
基地现状
休闲健身场地
村委会
篮球场
老年活动中心
商店
垂钓点
村内空地
寺庙
现状篇
区位分析
问卷统计分析
小孩最适合玩耍的场所
其他
村民活动中心
池塘河边
附近空地
自己或同学家中
最需要改善的活动空间
青年人最需要的活动
散步慢跑
游泳
简单器械活动
广场舞
卡拉OK
篮球场
其他球类活动
棋牌活动
图书阅览
图书阅览室
篮球场
棋牌活动室
活动广场
球类活动室
休闲健身设施
对于滨河公共空间的期待
老年人喜欢的活动
其他
文化类（书法绘画等）
聚友聊天
读书看报
棋牌麻将
简单器械活动
慢走、散步
非常期待
无所谓
一般
建筑分析
建筑层数现状
杨家浜现状建筑，整体高度相对统一，基本以一二层为主，部分新建楼房为三层。
建筑质量现状
杨家浜现状建筑，多为自建建筑，新旧不一，整体建筑质量中等，部分建筑需要拆除。
基地调研分析
商人、匠人、农民
人群年龄构成
人群特征
儿童
青年
中年人
老年人
匠人
农户
商人
从现场调研走访来看，村中活动的老年人较多。
中联村中活动人群主要为老年人，年轻人除了在家经营养殖渔业之外，大多数在外求学或务工。
不同人群活动分布
需求分析
儿童
青少年
青年人
中年人
老年人
儿童：对休闲娱乐需求高，嬉戏场地较少；
青少年：对休闲运动类活动需求高，供给不足；
青年人：必要性活动基本满足要求，对交往棋牌活动空间需求大；
中年人：有较多空闲时间，对休闲健身类活动需求大，供给不足；
老年人：参与劳作较少，棋牌健身散步等需求更多，选择性较少，不够丰富。
问题总结
大院温馨：院落交往聊天、下棋
田间忙碌：田间农忙、休憩谈笑
水上欢歌：水路运输、商贸繁忙
宗教祭祀：拜佛烧香、祭祖
精彩演出：观影听戏、热闹非凡
渔船废弃
棋牌兴起
健身运动人群稀少
儿童无处嬉戏
田地被承包、田间地头无人聊
寺庙破败
公共空间回应不足
村民需求未能满足
现状生活变迁
昔日场景
现状写实
规划不足
设计框架
有机网络
交往割裂
水系荒废
自然人工割裂
文化融合
日常交往
天人合一

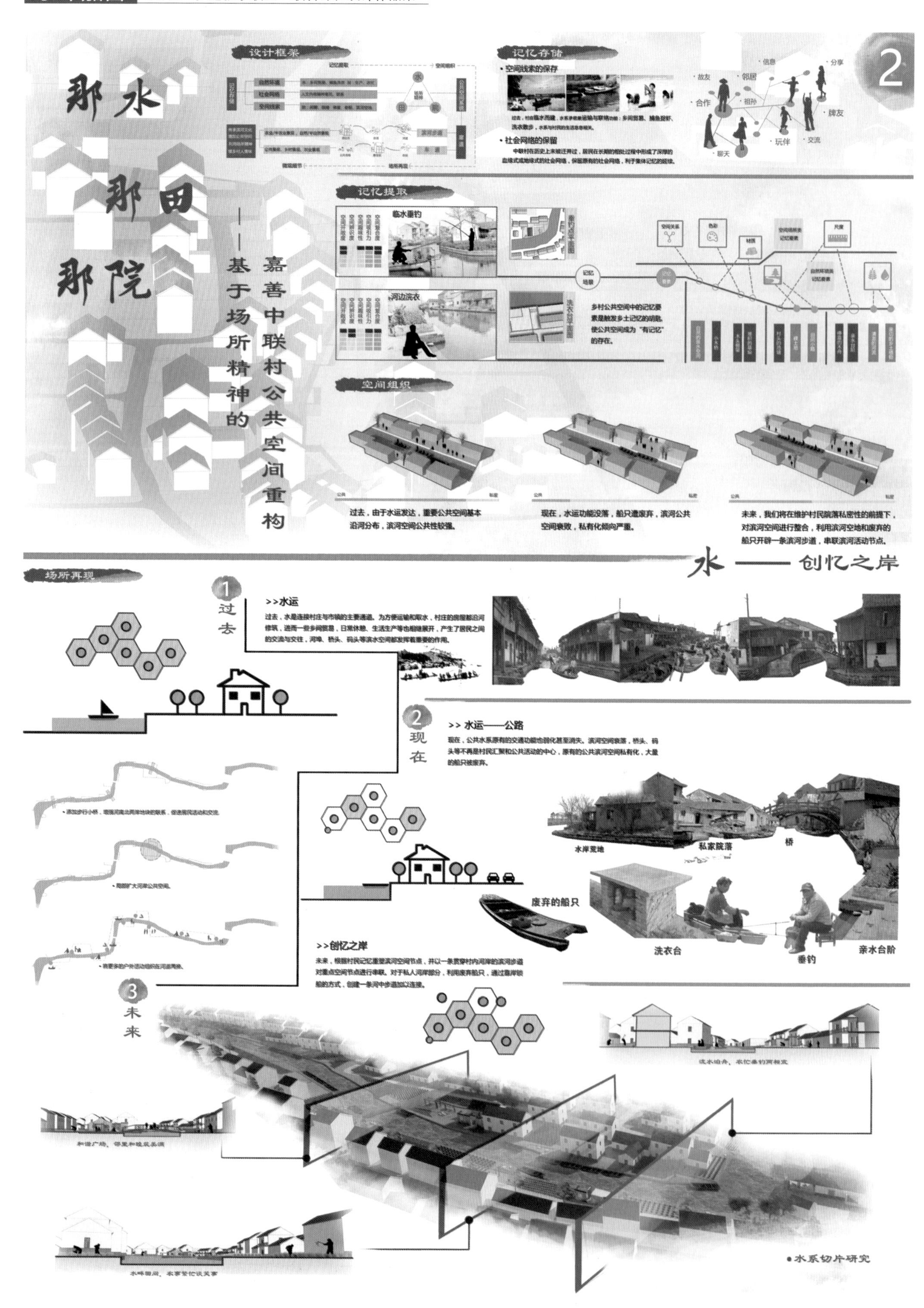
那水
那田
那院
——嘉善中联村公共空间重构
——基于场所精神的
2
设计框架
记忆存储
• 空间线索的保存
过去，村庄临水而建，水系承载着运输与联络功能：乡间贸易、捕鱼捉虾、洗衣散步，水系与村民的生活息息相关。
• 社会网络的保留
中联村在历史上未被迁并过，居民在长期的相处过程中形成了深厚的血缘式或地缘式的社会网络，保留原有的社会网络，利于集体记忆的延续。
故友
邻居
信息
分享
合作
祖孙
牌友
玩伴
交流
聊天
记忆提取
临水垂钓
河边洗衣
乡村公共空间中的记忆要素是触发乡土记忆的媒介，使公共空间成为“有记忆”的存在。
空间组织
过去，由于水运发达，重要公共空间基本沿河分布，滨河空间公共性较强。
现在，水运功能没落，船只遭废弃，滨河公共空间衰败，私有化倾向严重。
未来，我们将在维护村民院落私密性的前提下，对滨河空间进行整合，利用滨河空地和废弃的船只开辟一条滨河步道，串联滨河活动节点。
场所再现
水——创忆之岸
1 过去
>>水运
过去，水是连接村庄与市镇的主要通道。为方便运输和取水，村庄的房屋都沿河修筑，进而一些乡间贸易，日常休憩、生活生产等也相继展开，产生了居民之间的交流与交往，河埠、桥头、码头等滨水空间都发挥着重要的作用。
2 现在
>> 水运——公路
现在，公共水系原有的交通功能也弱化甚至消失。滨河空间衰落，桥头、码头等不再是村民汇聚和公共活动的中心，原有的公共滨河空间私有化，大量的船只被废弃。
水岸荒地
私家院落
桥
废弃的船只
洗衣台
垂钓
亲水台阶
>>创忆之岸
未来，根据村民记忆重塑滨河空间节点，并以一条贯穿村内河岸的滨河步道对重点空间节点进行串联。对于私人河岸部分，利用废弃船只，通过靠岸锁船的方式，创建一条河中步道加以连接。
3 未来
• 水系切片研究

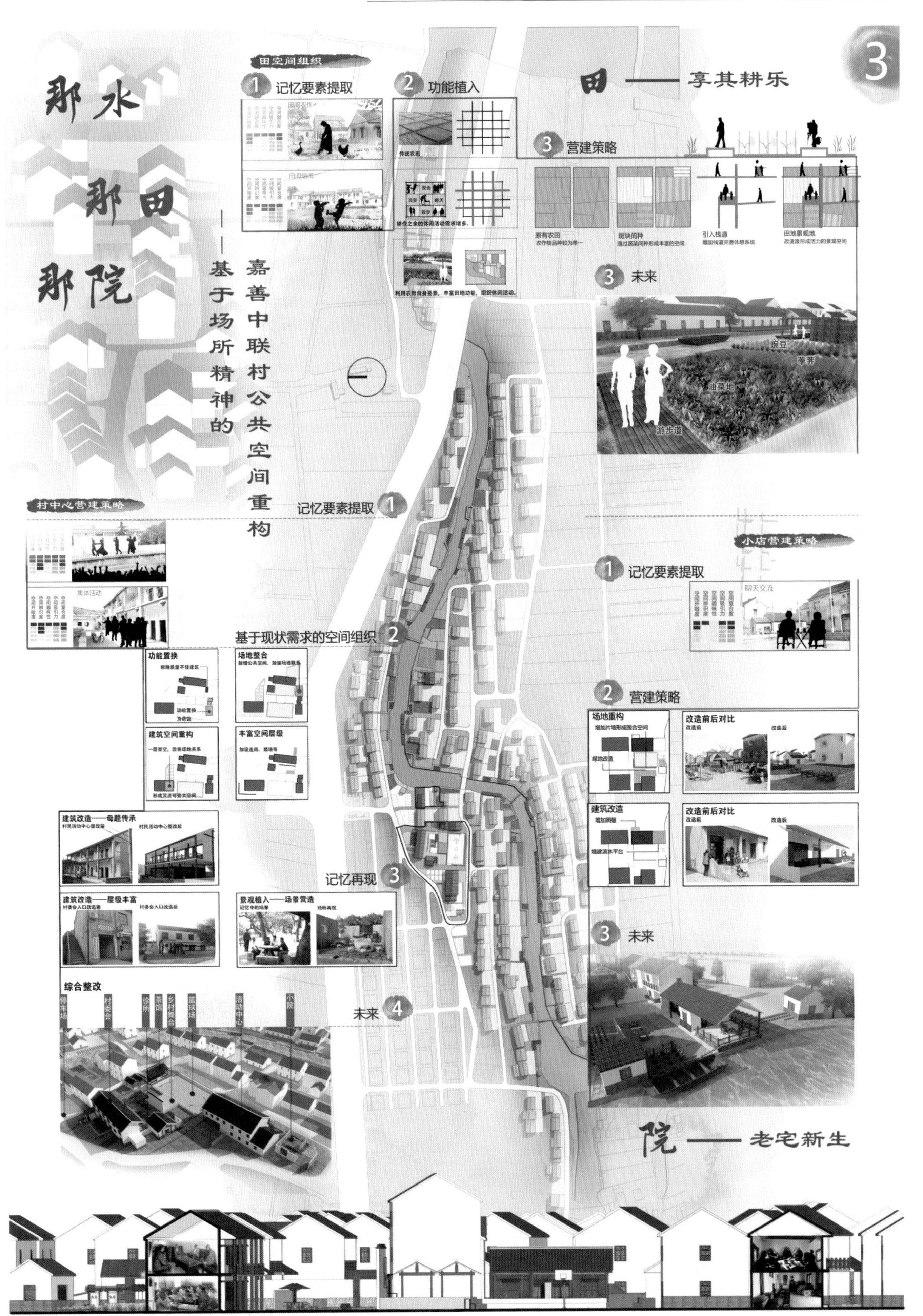
那水
那田
那院
——基于场所精神的嘉善中联村公共空间重构
3
田——享其耕乐
田空间组织
1 记忆要素提取
2 功能植入
3 营建策略
原有农田
现块间种
引入栈道
田地景观地
3 未来
豌豆
荸荠
油菜地
游步道
村中心营建策略
1 记忆要素提取
2 基于现状需求的空间组织
功能置换
场地整合
建筑空间重构
丰富空间层级
3 记忆再现
建筑改造——母题传承
建筑改造——层级丰富
景观植入——场景营造
4 未来
综合整改
停车场
村委会
诊所
茶馆
乡村舞台
篮球场
活动中心
小院
小店营建策略
1 记忆要素提取
聊天交流
2 营建策略
场地重构
改造前后对比
建筑改造
3 未来
院——老宅新生

4
那水
那田
那院
——嘉善中联村公共空间重构
——基于场所精神的
场景塑造构想
场景类型
临水垂钓
田间农作
集体活动
聊天纳凉
宗教祭祀
河水浣衣
田间嬉闹
文艺汇演
尺度关系（D/H）
2~3
2~3
1~3
1/3~1
1/2~1
添加元素
亲水阶梯 小船
田间木栈道 片墙 小型铺地
木栅格 连廊
柱廊 片墙
烧纸炉
公共空间表现材质
石板
自然石
细砂
木质铺地
石砖
混凝土
木材
片石
水泥
青砖
以滨河步道为主线，进行对各位置的空间场所（钓鱼点、休闲场地、洗衣台等）的组织连接，形成较为完整的空间序列，使人对于公共空间有更整体的认知与记忆。
对各种空间场所进行场景化设计，整合破碎的乡土记忆元素，基于现状需求为场所赋予新的功能与活动，唤醒记忆的同时激发人们产生新的体验。
“院”空间设计
利用片墙围合对院落进行私密性分区，增设连廊、乡村家具等营建出富有乡村特点的交往空间。
村委会小院
对篮球场东部建筑进行外立面改造，将开口方向改为朝向篮球场，加设挑檐制造供人停留的灰空间。
篮球场、茶馆
拆除一层沿东部分建筑空间，以改善健身器材场地及篮球场的空间关系。有效利用南部挑檐而成灰空间。
村民活动中心
对舞台北部围墙进行刷白、增加富有乡村特点的窗户等改造，丰富舞台界面。
乡村舞台
结合老年活动中心改造后形成的室外空间，营建具有活力的健身场地。西部加设片墙使空间围合亲切。
健身设施场地
利用当地铺装限定空间场域，利用矮墙、树木等增强空间围合感，形成一个可供人停留的场所。
村口
用片墙围合出相对独立的院落空间，并对每个空间都进行不同的功能化改造。
乡村小院
增建滨水平台，解决现状空间局促的问题。改造场地下垫面，新建矮墙，创建供人进行娱乐活动的空间。
商店（棋牌室）
公共步行线路
内部步行线路
公共空间节点
佛堂
滨河节点
村口
小商店
村民活动中心
老年活动中心
钓鱼台
滨河空间场景化重塑
1 烧香拜佛
2 河边浣衣
3 田院共融
4 河边嬉戏
5 田间休憩
6 河中步道
7 临水垂钓

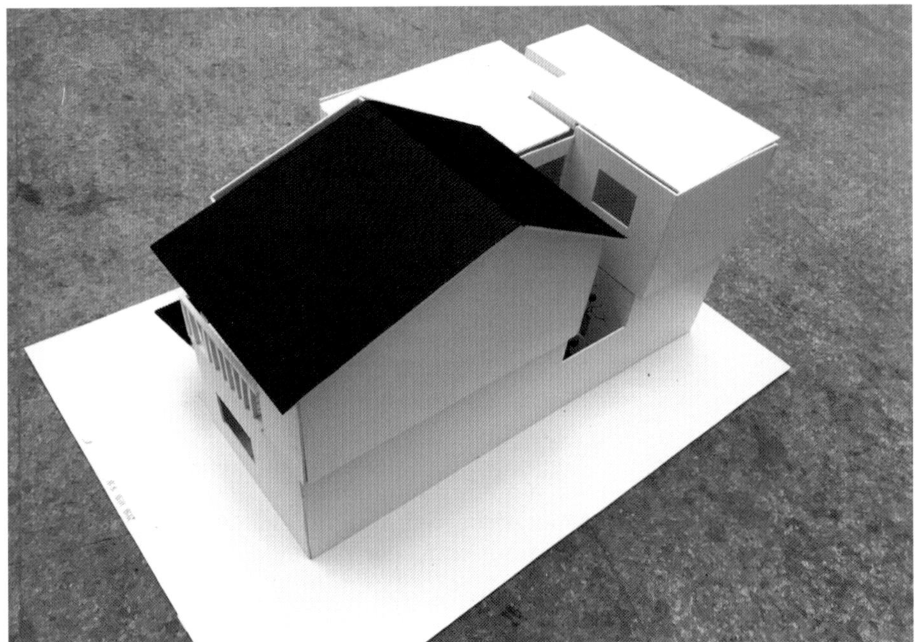

专家点评　规划专家团

专家1：作品围绕“水，田，院”展开，紧扣主题，抓住了江南水乡的普遍特点。同时也体现农村的“三生空间”。作品对“水”和“院”设计分量较重，“田”方面可加强，即产业分析上应加强引导和完善。

专家2：对乡村共同场所有系统的思考和研究。

专家3：围绕公共空间展开规划设计，重点突出，对现状的调研分析较充分。

专家4：“水，田，院”抓住了特色，抓住了主题，体现了乡村“三生”空间规划内容，设计中水与农居、田的空间关系处理较好，建议加强产业规划与引导。

专家5：基于场所精神的公用空间重构做得较好。村民交往空间（公共节点）打造重点突出，但缺少反映农民生产生活的场所。户型设计较封闭，没有院落空间，分析思路不够清晰。

专家6：色彩柔和，功能齐全，但前期分析和问卷分析有待深化。

浙江工业大学（城乡规划）

溯源水中，联创予农—— 姚庄镇中联村规划设计

设计感言：

从去嘉善县现场调研到后续出方案直到最终评审，我们在此次乡村竞赛中收获很多。关于乡村的此时，不论是浙江山区或是河湖平原地区，都存在着年轻人口流失、老龄化严重、经济发展动力不足、公共设施不完善的问题，而与此同时乡村依旧保留着一些有别于城市的风味，鸡鸭舍、菜田地仍普遍存在于乡村，这也是为何政策推出“美丽乡村”的一部分原因。此时的乡村有美中不足，因此亟须规划建设，实现城乡一体化。关于乡村的今后，我们对自己规划的村落也有一份期盼，水田格局、生态环境保护美化的同时，依托农业基础，培育创客模式实现农村人经济收入增长，最终实现“溯源”的目标。竞赛中，我们体悟到团队合作的重要性，在一起探索乡村之根、乡村之发展与未来是一件特别有趣的事。愿在竞赛中每个人都可留下一段美好的经历与回忆。

村庄区位

地理区位：中联村所在的姚庄镇位于嘉善县最东北端，姚庄镇是嘉善的东大门，东邻上海，西面又与西塘镇接壤；中联村位于姚庄镇的西部地理区位上靠近西塘，也利于吸引上海的资源。

交通区位：申嘉湖高速通过姚庄镇镇中，中联村南北两端有公路对接申嘉湖高速，对外交通便利。

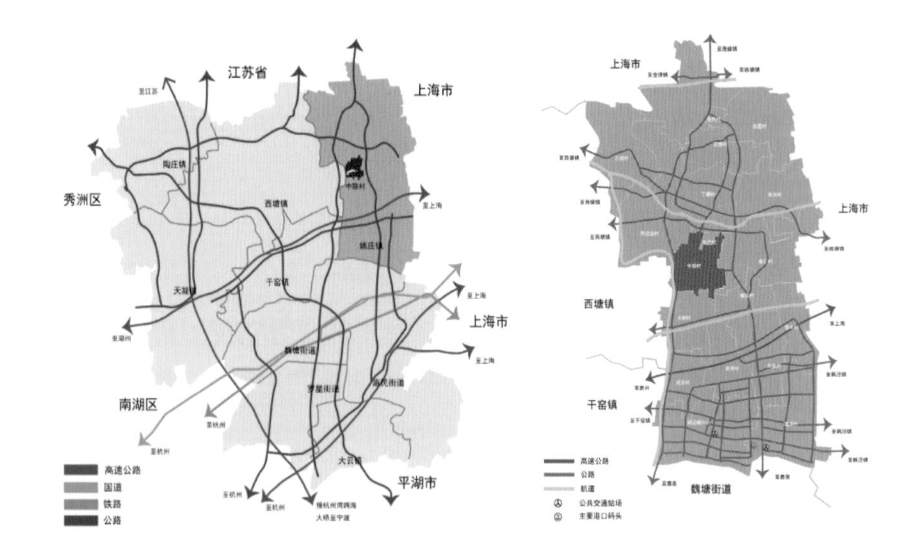

村庄简介

中联村位于姚庄镇的北面，南邻姚庄北鹤，西邻西塘东汇，全村有 2 个自然村：新开河、杨家浜、6 个片：西浜、东埭、西埭、中段、四角、新开河。村内户数共有 360 户，人口为 1327 人；全村区域面积 2.68 平方公里，以平原为主，耕地面积 2871 亩，有农业、水产养殖等产业。2014 年，中联村实现工农业总产值 1.38 亿元，村民人均纯收入 22508 元。

中联村内河道密布，有两条“五水共治”（夜叉港、新开河小港）的河道。中联村杨家浜村港呈带状至西向东穿过规划区，截面最宽约 38m，最窄约 10m。规划区内杨家浜村港水质一般，河内有部分生活垃圾，河边停靠了居民废置的水泥船。村内乡土要素保存较完好，有清末古建筑保留。

村庄照片

村内河道照片

村内建筑照片

村内景观照片

村内全景照片

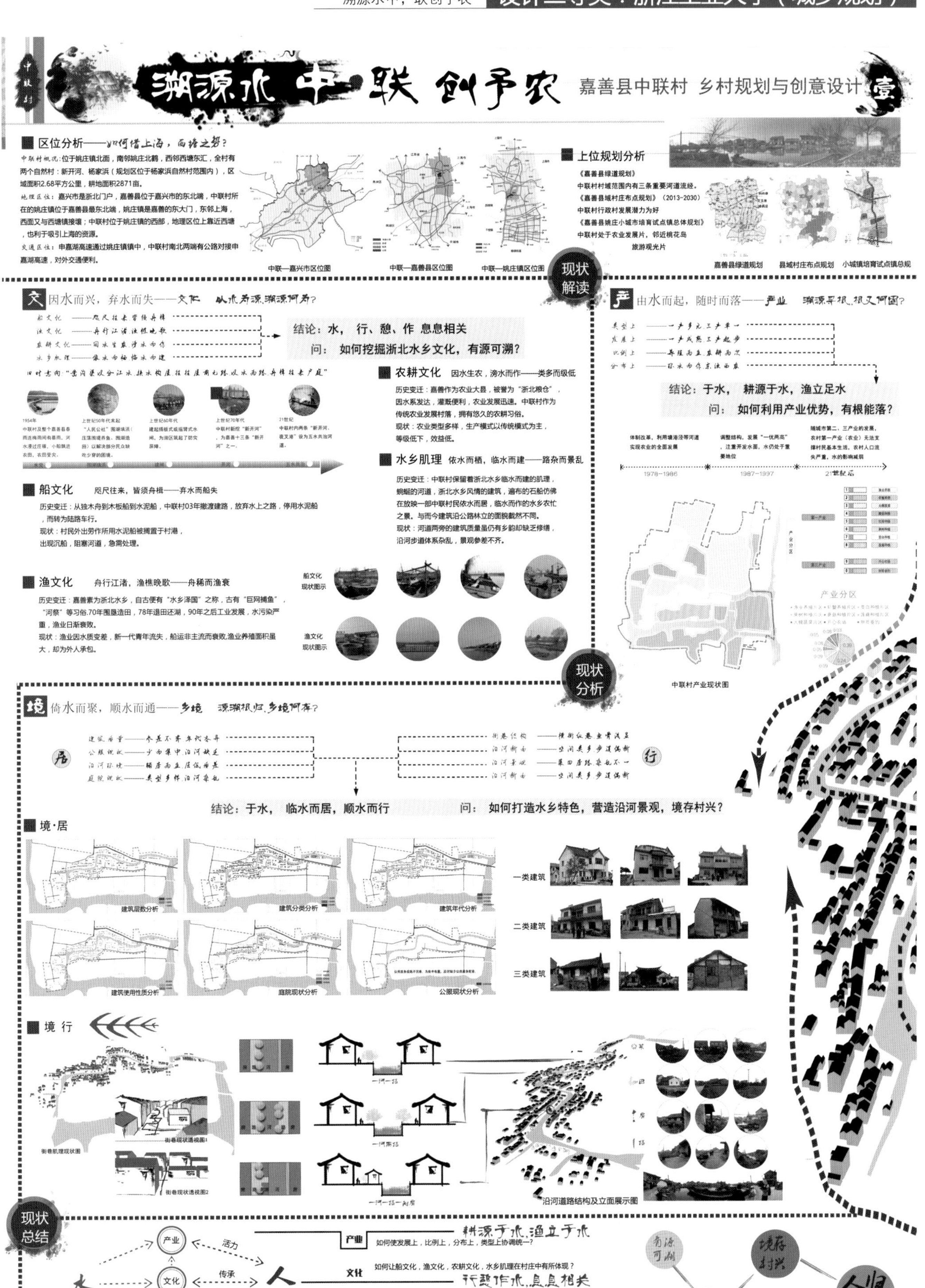
溯源水中 联创予农
嘉善县中联村 乡村规划与创意设计 壹
区位分析——如何借上海，而接之势？
中联村概况：位于姚庄镇北面，南邻姚庄北鹤，西邻西塘东汇，全村有两个自然村：新开河、杨家浜（规划区位于杨家浜自然村范围内），区域面积2.68平方公里，耕地面积2871亩。
地理区位：嘉兴市是浙北门户，嘉善县位于嘉兴市的东北端，中联村所在的姚庄镇位于嘉善县最东北端，姚庄镇是嘉善的东大门，东邻上海，西面又与西塘镇接壤；中联村位于姚庄镇的西部，地理区位上靠近西塘，也利于吸引上海的资源。
交通区位：申嘉湖高速通过姚庄镇镇中，中联村南北两端有公路对接申嘉湖高速，对外交通便利。
中联—嘉兴市区位图
中联—嘉善县区位图
中联—姚庄镇区位图
上位规划分析
《嘉善县绿道规划》
中联村村域范围内有三条重要河道流经。
《嘉善县城村庄布点规划》（2013-2030）
中联村行政村发展潜力为好
《嘉善县姚庄小城市培育试点镇总体规划》
中联村处于农业发展片，邻近桃花岛旅游观光片
嘉善县绿道规划
县城村庄布点规划
小城镇培育试点镇总规
现状解读
文 因水而兴，弃水而失——文化 从水而源，溯源何存？
结论：水，行、憩、作 息息相关
问：如何挖掘浙北水乡文化，有源可溯？
农耕文化 因水生农，涝水而作——类多而级低
历史变迁：嘉善作为农业大县，被誉为“浙北粮仓”，因水系发达，灌溉便利，农业发展迅速。中联村作为传统农业发展村落，拥有悠久的农耕习俗。
现状：农业类型多样，生产模式以传统模式为主，等级低下，效益低。
水乡肌理 依水而栖，临水而建——路杂而景乱
历史变迁：中联村保留着浙北水乡临水而建的肌理，蜿蜒的河道，浙北水乡风情的建筑，遍布的石船仿佛在放映一部中联村民依水而居，临水而作的水乡农忙之景。与而今建筑沿公路林立的面貌截然不同。
现状：河道两旁的建筑质量虽仍有乡韵却缺乏修缮，沿河步道体系杂乱，景观参差不齐。
船文化 咫尺往来，皆须舟楫——弃水而船失
历史变迁：从独木舟到木板船到水泥船，中联村03年撤渡建路，放弃水上之路，停用水泥船，而转为陆路车行。
现状：村民外出劳作所用水泥船被搁置于村港，出现沉船，阻塞河道，急需处理。
渔文化 舟行江渚，渔樵晚歌——舟稀而渔衰
历史变迁：嘉善素为浙北水乡，自古便有“水乡泽国”之称，古有“巨网捕鱼”，“河祭”等习俗，70年围垦造田，78年退田还湖，90年之后工业发展，水污染严重，渔业日渐衰败。
现状：渔业因水质变差，新一代青年流失，船运非主流而衰败，渔业养殖面积虽大，却为外人承包。
船文化现状图示
渔文化现状图示
产 由水而起，随时而落——产业 溯源寻根，根又何固？
结论：于水，耕源于水，渔立足水
问：如何利用产业优势，有根能落？
1978~1986
1987~1997
21世纪后
产业分区
中联村产业现状图
现状分析
境 倚水而聚，顺水而通——乡境 源溯根归，乡境何存？
居
行
结论：于水，临水而居，顺水而行
问：如何打造水乡特色，营造沿河景观，境存村兴？
境·居
建筑层数分析
建筑分类分析
建筑年代分析
建筑使用性质分析
庭院现状分析
公服现状分析
一类建筑
二类建筑
三类建筑
境 行
街巷肌理现状图
街巷现状透视图1
街巷现状透视图2
沿河道路结构及立面展示图
现状总结
水
产业
文化
意境
活力
传承
创造
人
产业 如何使发展上，比例上，分布上，类型上协调统一？
耕源于水，渔立于水
文化 如何让船文化，渔文化，农耕文化，水乡肌理在村庄中有所体现？
行憩作水，息息相关
意境 如何从建筑、庭院、沿河道路，街巷出发，打造水乡特色人居环境
临水而居，顺水而行
有源可溯
境存村兴
有根能扎
人归村活

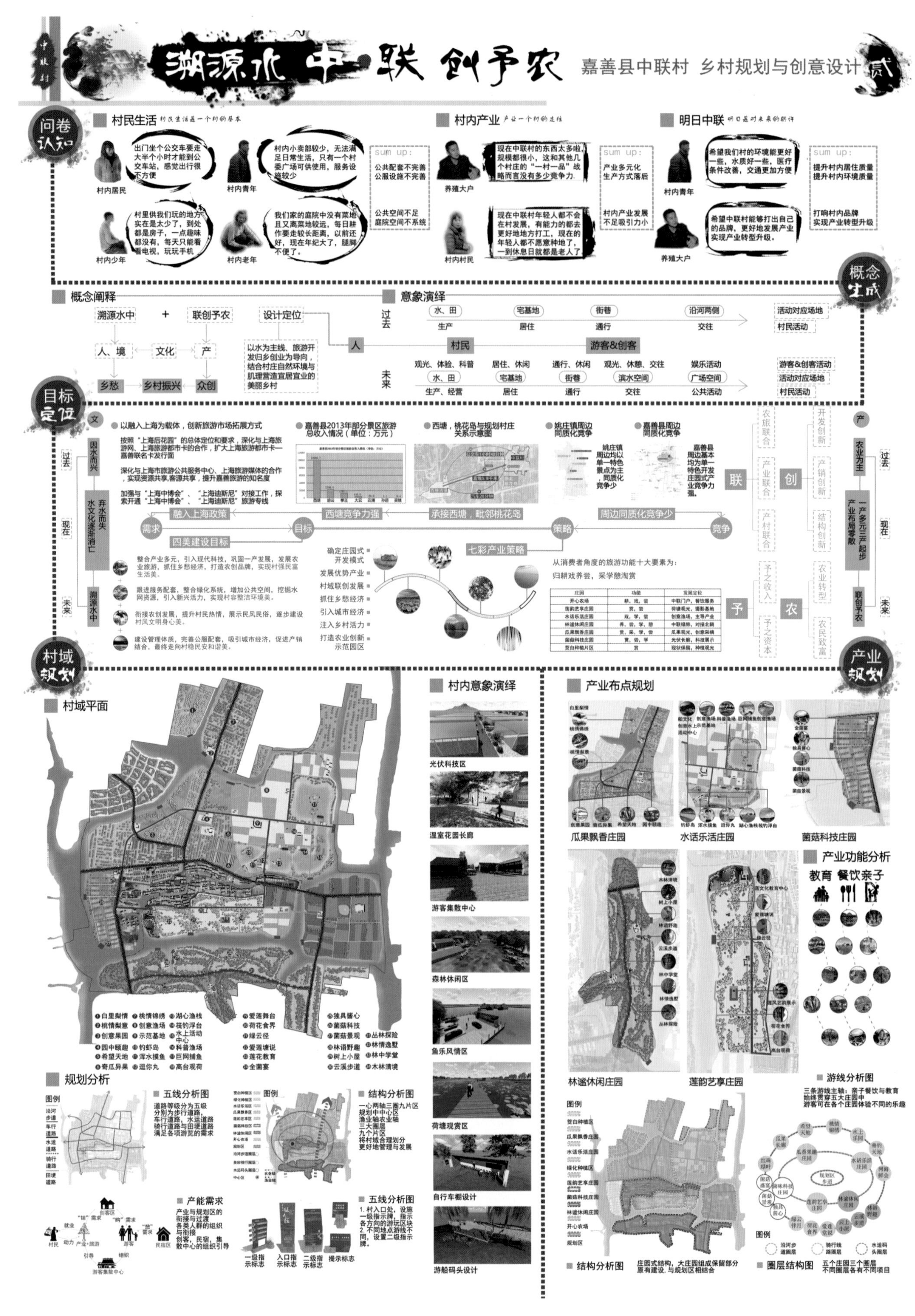
溯源水中 联创予农
嘉善县中联村 乡村规划与创意设计 贰
问卷认知
村民生活
村内产业
明日中联
概念生成
概念阐释
意象演绎
目标定位
村域规划
村域平面
规划分析
村内意象演绎
产业规划
产业布点规划
产业功能分析
瓜果飘香庄园
水话乐活庄园
菌菇科技庄园
林谧休闲庄园
莲韵艺享庄园
游线分析图
结构分析图
圈层结构图

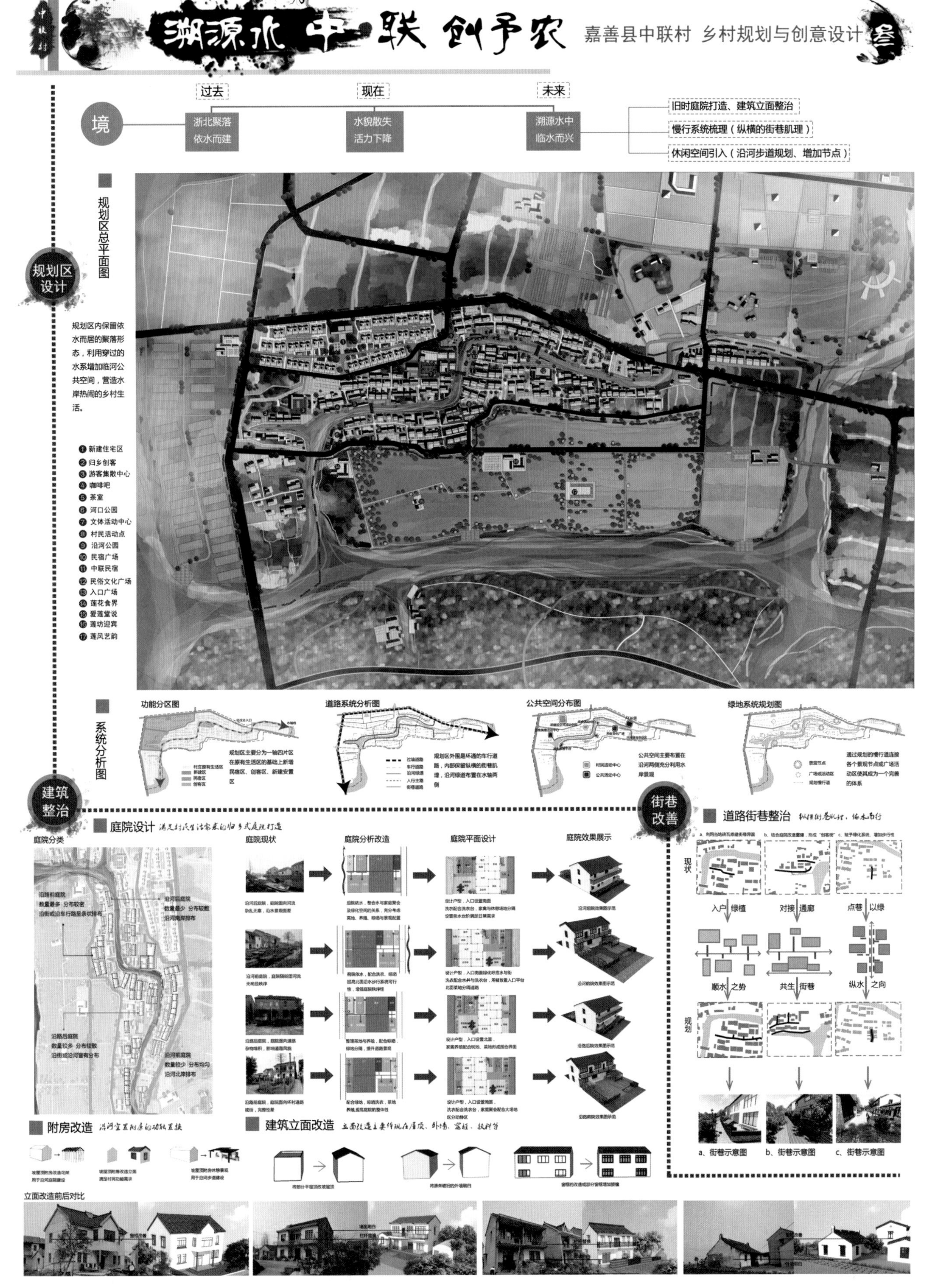

溯源水中 联创予农
嘉善县中联村 乡村规划与创意设计 叁
境
过去
浙北聚落 依水而建
现在
水貌散失 活力下降
未来
溯源水中 临水而兴
旧时庭院打造、建筑立面整治
慢行系统梳理（纵横的街巷肌理）
休闲空间引入（沿河步道规划、增加节点）
规划区设计
规划区总平面图
规划区内保留依水而居的聚落形态，利用穿过的水系增加临河公共空间，营造水岸热闹的乡村生活。
1 新建住宅区
2 归乡创客
3 游客集散中心
4 咖啡吧
5 茶室
6 河口公园
7 文体活动中心
8 村民活动点
9 沿河公园
10 民宿广场
11 中联民宿
12 民俗文化广场
13 入口广场
14 莲花食界
15 爱莲堂说
16 莲坊迎宾
17 莲风艺韵
系统分析图
功能分区图
规划区主要分为一轴四片区 在原有生活区的基础上新增民宿区、创客区、新建安置区
道路系统分析图
规划区外围是环通的车行道路，内部保留纵横的街巷肌理，沿河绿道布置在水轴两侧
公共空间分布图
公共空间主要布置在沿河两侧充分利用水岸景观
绿地系统规划图
通过规划的慢行道连接各个景观节点成广场活动区使其成为一个完善的体系
建筑整治
庭院设计
庭院分类
庭院现状
庭院分析改造
庭院平面设计
庭院效果展示
附房改造
建筑立面改造
立面改造前后对比
街巷改善
道路街巷整治
现状
入户 绿植
对接 通廊
点巷 以绿
顺水 之势
共生 街巷
纵水 之向
规划
a、街巷示意图
b、街巷示意图
c、街巷示意图

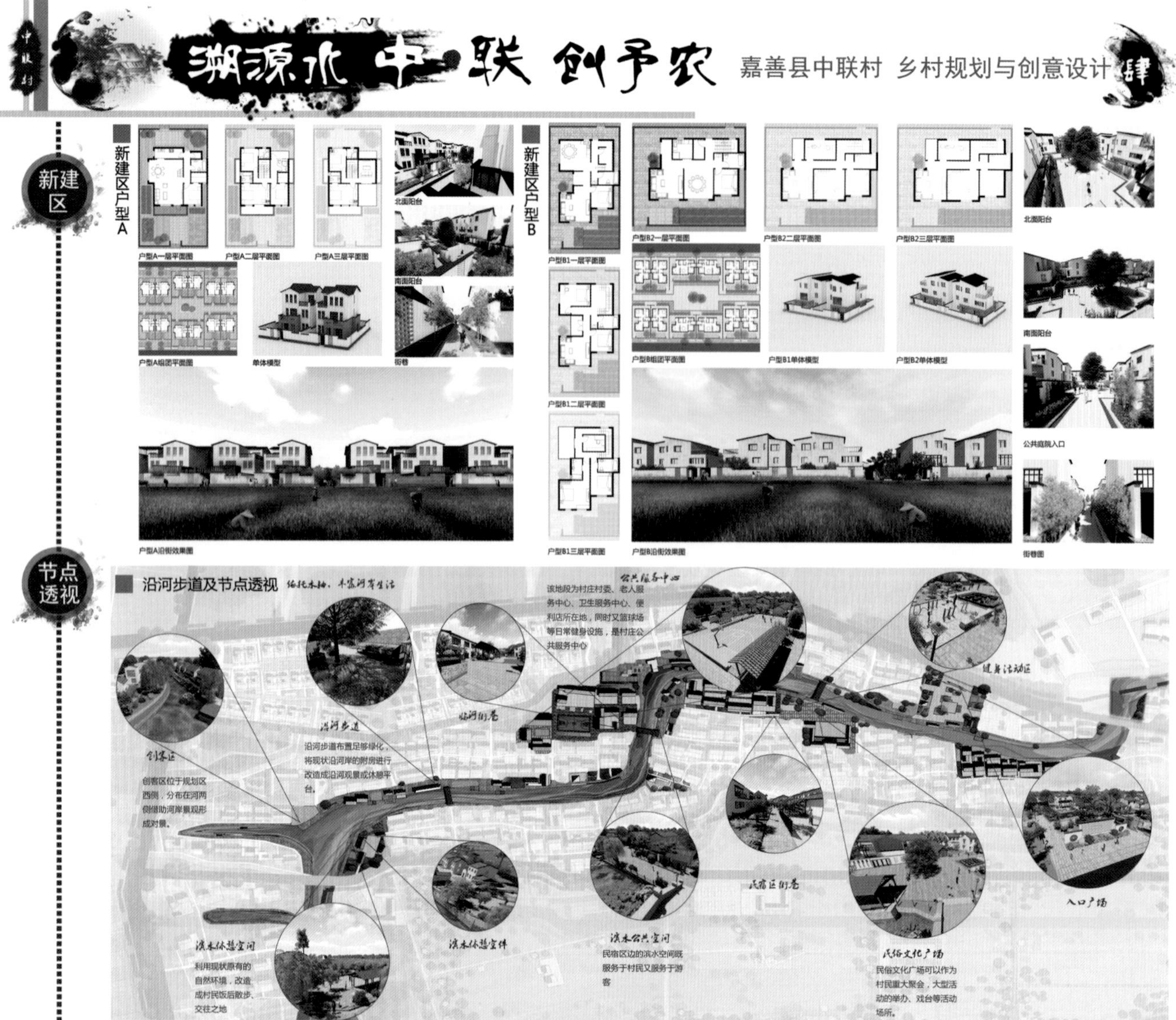
溯源水 中联 创予农
嘉善县中联村 乡村规划与创意设计 肆
新建区
新建区户型A
户型A一层平面图
户型A二层平面图
户型A三层平面图
北面阳台
南面阳台
户型A组团平面图
单体模型
街巷
户型A沿街效果图
新建区户型B
户型B1一层平面图
户型B2一层平面图
户型B2二层平面图
户型B2三层平面图
户型B1二层平面图
户型B组团平面图
户型B1单体模型
户型B2单体模型
公共庭院入口
户型B1三层平面图
户型B沿街效果图
街巷图
节点透视
沿河步道及节点透视
该地段为村庄村委、老人服务中心、卫生服务中心、便利店所在地，同时又篮球场等日常健身设施，是村庄公共服务中心
公共服务中心
沿河步道
沿河步道布置足够绿化，将现状沿河岸的附房进行改造成沿河观景或休憩平台。
临河街巷
健身活动区
创客区
创客区位于规划区西侧，分布在河两侧借助河岸景观形成对景。
民宿区街巷
入口广场
滨水休憩空间
利用现状原有的自然环境，改造成村民饭后散步、交往之地
滨水休憩空间
滨水公共空间
民宿区边的滨水空间既服务于村民又服务于游客
民俗文化广场
民俗文化广场可以作为村民重大聚会，大型活动的举办、戏台等活动场所。

透视图

专家点评 规划专家团

专家1

强调水乡特色，围绕问题提出产业定位、文化溯源、村庄格局等方面做得较好，尤其是小桥流水，舒适的临水空间创造有亮点。可加强农房整治改造得意向和措施。

专家2

定位准确，解决方案积极。

专家3

通过问卷对现状和村民诉求进行了分析，得到了有意义的结论，规划设计方案总体较为均衡。

专家4

紧抓水的特色，围绕问题提出产业定位、文化塑造恰当。建筑滨水、村庄格局、小桥流水都很有水乡特色，但对现有农房改造管控措施应加强。

专家5

两种户型设计都过于城市化，对滨水空间的分析缺少，尤其是开敞空间、绿道、路网与水的关系。

专家6

规划内容较全面，但在与水关系密切的滨水空间方面相对薄弱。

浙江大学（城乡规划）

生态聚落、圩的延续与新生——姚庄镇洪字圩村规划设计

设计感言：

经过本次村庄设计，我们对村庄有了全新的认识和理解。第一次接触到村庄规划，我们都习惯性地套用城市规划的思路和手法。经过老师不断地提醒和矫正，我们逐渐认识到村庄规划有其独特之处。经过本次村庄设计，我们对村庄有了全新的认识和理解。第一与城市规划是完全不同的思路。此后我们在进行设计时都会先以村民的角度来看待问题，考虑他们的生活习惯和生产方式。我们在第一次调研的过程中认识到了洪字圩这个村庄的面貌和村民们的生活状态，但是在设计时还是力不从心。老师建议我们再去调研，思考公共空间、道路组织等特点。我们又进行了两次调研，才对村庄有了较深的理解。村庄设计的过程让我们不停地思考，不断地更新认识。最终的设计凝聚了整个团队的心血和智慧，是我们所有的知识凝结而成的果实。

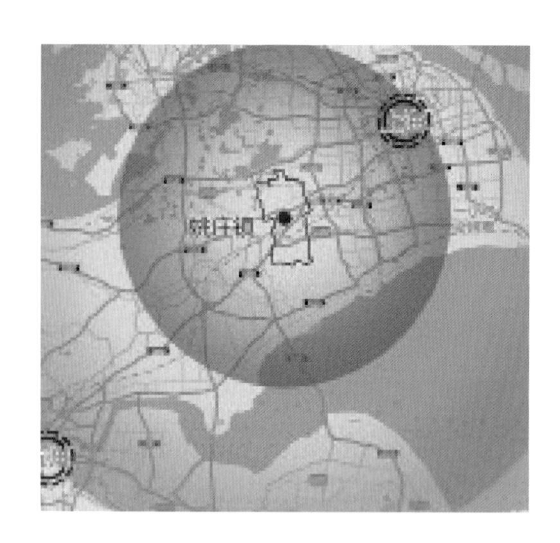

村庄区位

地理区位：姚庄镇位于嘉兴市的东北部，东与上海青浦区、金山区相连，西北面与江苏省吴江市隔河相望，处于两省一市交界处，被称为“浙江省接轨上海第一站”。

交通区位：东接上海 80 公里，西依杭州 98 公里，北靠苏州 90 公里，是浙江省接轨上海的第一站。境内有 320 国家一级公路、沪杭甬高速公路、申嘉湖高速公路等多条对外公路。

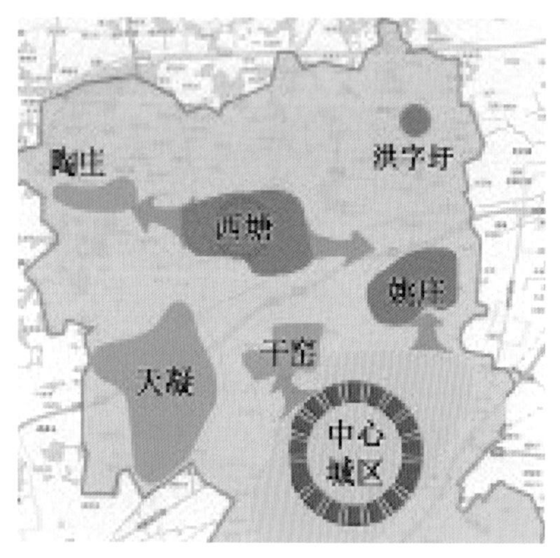

村庄简介

洪字圩位于浙江省东北嘉兴市嘉善县姚庄镇丁栅村，是丁栅村的一个自然村。距离嘉善县城 19 公里，距离嘉兴市区 34 公里，距离上海市区 52 公里。 洪字圩南侧有一条丁枫公路穿过，作为基地的主要对外交通道路。南侧 5.5 公里有申嘉湖高速，西侧有西丁公路。洪字圩规划面积 5.62 公顷，总户数 106 户，户籍人口 341 人。洪字圩的历史可追溯到清光绪二十年，在历史上一直延续着圩区的传统。村中老年人、儿童较多，平日活力较低，民俗特色有腰鼓、打莲厢、田歌，多为老年人活动。

洪字圩是一个以居住为主的自然村，其公共设施匮乏，现状存在的公共设施有文化农家乐、商店和健身活动场地。现状产业以鱼、藕为主，产业单一，景观性差，经济效益较低，而且存在对环境的污染。规划中予以改进提升。

村庄照片

村内河道照片

村内建筑照片

村内景观照片

村内入口照片

浙江省第二届大学生"村庄规划与创意设计"大赛

生态聚落 圩的延续与新生

壹 现状分析

区位分析

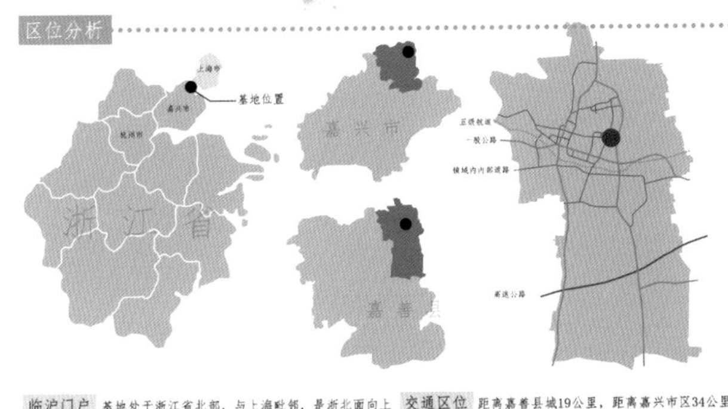

临沪门户 基地处于浙江省北部，与上海毗邻，是浙北面向上海的门户位置，区位优势十分明显。

交通区位 距离嘉善县城19公里，距离嘉兴市区34公里，距离上海市区52公里。洪字圩南侧有一条丁枫公路穿过，作为基地的主要对外交通道路。南侧5.5公里有申嘉湖高速，西侧有西丁公路。

村落简介

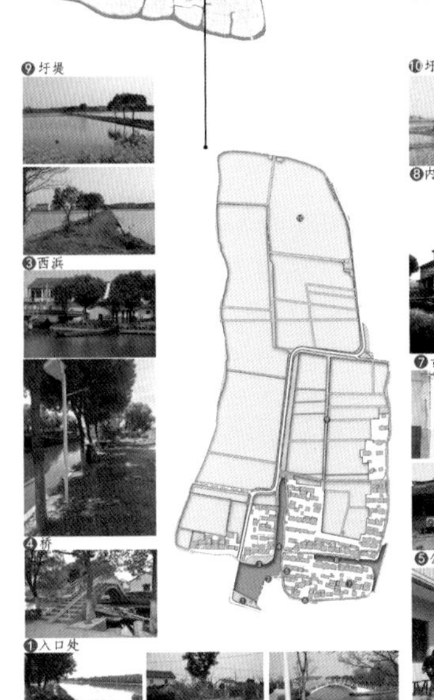

沉香荡	紧邻重要旅游资源	风景绝佳　旅游资源丰富
丁东圩	处于丁东圩内部	不受洪涝灾害威胁
独立圩区	周围水体相连相通	水质良好　船行便利

- 洪字圩位于浙江省东北嘉兴市嘉善县姚庄镇丁栅村，是隶属于丁栅村的一个自然村。
- 其村域面积28.8公顷，规划面积5.62公顷，总户数106户，户籍人口341人，常年保持不变。
- 洪字圩的历史可追溯到清光绪二十年，圩区历史十分悠久，在姚庄镇总体规划中隶属于丁东圩；
- 现存五处清代末期建筑，四处保存尚好，一处较破败，其中两处列入姚庄镇的不可移动文化遗产。
- 历史上洪字圩是座孤岛，居民以船作为交通工具。

⑩圩田

⑧内河滨水空间

⑦古建筑　⑥东浜

⑤公共空间

上位规划解读

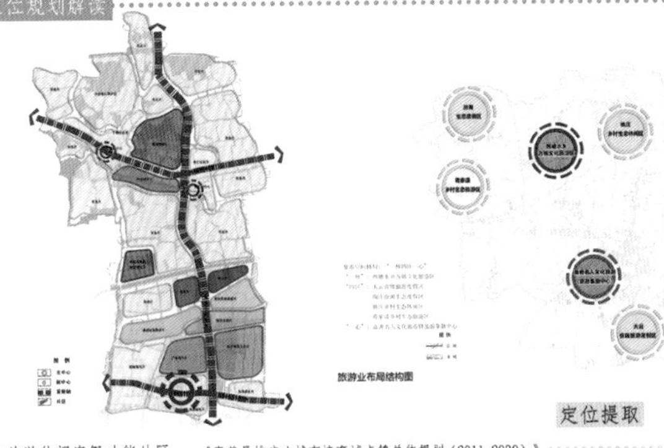

- 旅游休闲度假功能片区——《嘉善县姚庄小城市培育试点镇总体规划（2011-2030）》

镇域北部丁栅片区水系资源丰富，生态环境优越，同时处于上海——西塘的旅游线路上，规划利用这一优势，在丁栅片打造旅游休闲度假功能片区，在置换现有工业用地的同时，着力提升水系密集地区的环境品质，围绕沉香荡布置疗养养生、度假培训、地产等休闲功能。

- 都市休闲旅游功能区——《姚庄镇美丽乡村规划（2013-2030）》

定位丁栅村：以特色农业、水系湿地为依托的都市休闲旅游功能区，以特色农业、水系湿地为依托的都市休闲旅游功能区；

- 《嘉善县姚庄镇丁栅村村庄规划（2013-2030）》

将洪字圩定位为保留拓展点；对洪字圩提出的问题：电力线路为地面架线，对村庄风貌影响较大；新建老年活动中心；在入口处设置小型停车场；设置公交站点；

- 《嘉善县绿道网总体规划（2010-2020）》

绿道名称	总长度	建议控制宽度	位置（起讫点）	控制节点
南北绿道（S4）	40.28m	15-30m（建成区内） 100m（非建设用地）	平湖绿道-沉香大道-大云镇区-大云市河-伍子塘-丁栅-江苏吴江	平湖市绿道接入点、十里水乡、温泉、大云镇区、高铁站、新城、田城、干窑、西塘古镇、丁栅沉香荡和渔村、吴江接入点

定位提取

旅 围绕沉香荡、结合农业、水系发展旅游业

农 发展生态农业、特色农业、观光农业

水 依托水乡泽国的优势，挖掘水的特色作为主要景观

绿 结合上位规划布点设置绿道，完善交通体系

民俗文化

田歌

田歌历史悠久，是江南吴歌中具有代表性的歌种，发源于丁栅，唱腔旋律清亮优美、韵味十足，有滴落声、落秧歌、埭头歌、羊骚头、急急歌、平调等多种曲调。主要内容是唱劳动、唱农村生活、唱在村野田发生的爱情。它反映了在平原水乡的农耕文化，是这一带农村昔日的生活写照。从历代的田歌中可以看到嘉善农村的生动景象，由于国家对非物质文化遗产的越来越重视，嘉善田歌也列入了省非物质文化遗产项目。

打莲厢

打莲厢是当地最有特色的民俗舞蹈，清代《百戏竹枝词》中有云："窄样春衫称细腰，蔚蓝首帕鬓云飘；霸王鞭舞金钱落，恼乱徐州叠金桥。"莲厢是一根三尺长的竹竿，两端各掏空两对孔眼，每个孔眼内都镶有铜钱。舞者手持花棍，忽上忽下挥动，敲击四肢、肩、背等，不断打击出有节奏的响声。

水会

收台 › 拜河神 › 观船赛 › 卜凶吉 › 酬神

旧时，丁栅镇上每年到了农历八月初六的时候都要举行庙会。由于丁栅河荡纵横，整个庙会都在河水中举行，故又叫水会。水会持续一整天，活动十分丰富，各个流程充分体现了丁栅的民俗风貌和人们的思想信仰。丁栅水会既活跃了当地群众的文化生活，也传播了一些迷信色彩的东西。"丁栅水会"已于2011年6月0日列入了嘉善县第四批非物质文化遗产名录，但是现如今这种风俗在丁栅已经看不到了。

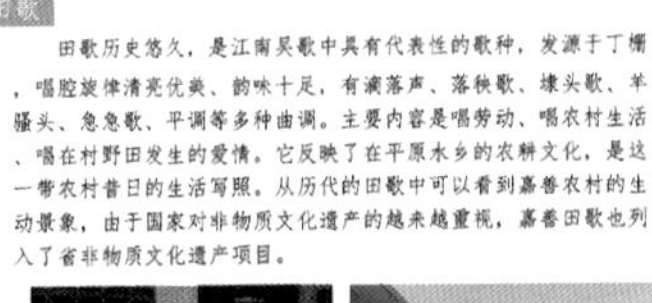

基地现状分析

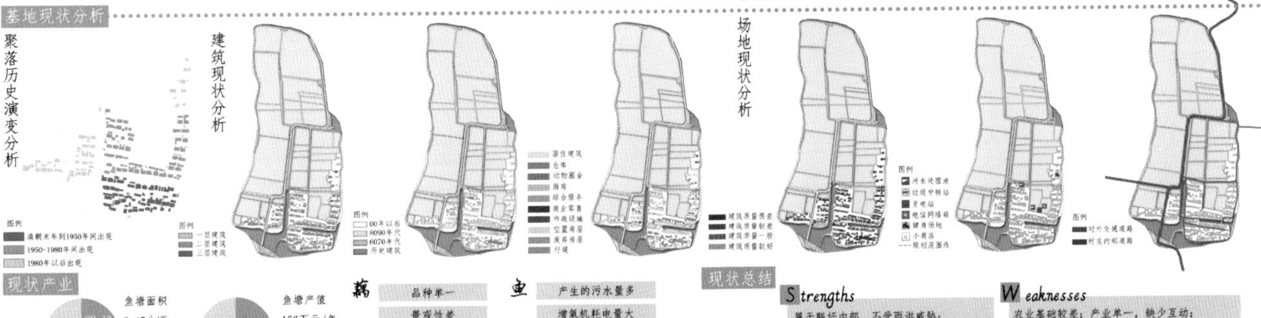

现状产业

鱼塘面积 3.47公顷（20.1%）
藕塘面积 13.93公顷（79.4%）

鱼塘产值 156万元/年（28.4%）
藕塘产值 400万元/年（71.6%）

藕	鱼
品种单一	产生的污水量多
景观性差	增氧机耗电量大
经济效益不高	单一养殖年产值较低
人工劳动量大	景观较差，体验度不高

现状总结

Strengths

属于联圩内部，不受雨洪威胁；
圩田特色突出；元素保留完好；
水体环绕，典型水网地区风貌；
民风淳朴，外来人口少社会环境稳定。

Weaknesses

农业基础较差；产业单一，缺少互动；
对水体的重视不足，利用率低，存在污染问题；
农居的空间布局过于拥挤，缺乏公共空间；
村内景观风貌较为杂乱，农居风格不一。

Opportunities

临沪的门户位置优势明显；
外部交通条件较为便利；
紧邻沉香荡，拥有良好的旅游资源。

Threats

距离丁栅中心较远，设施服务难以普及；
缺少对外公共交通布点；

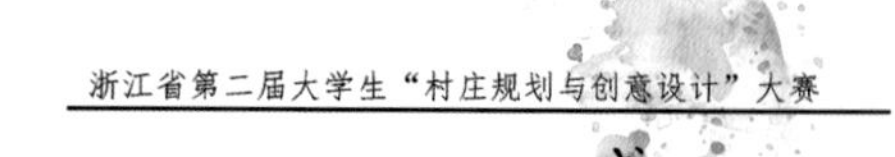
浙江省第二届大学生“村庄规划与创意设计”大赛
贰 主题演绎

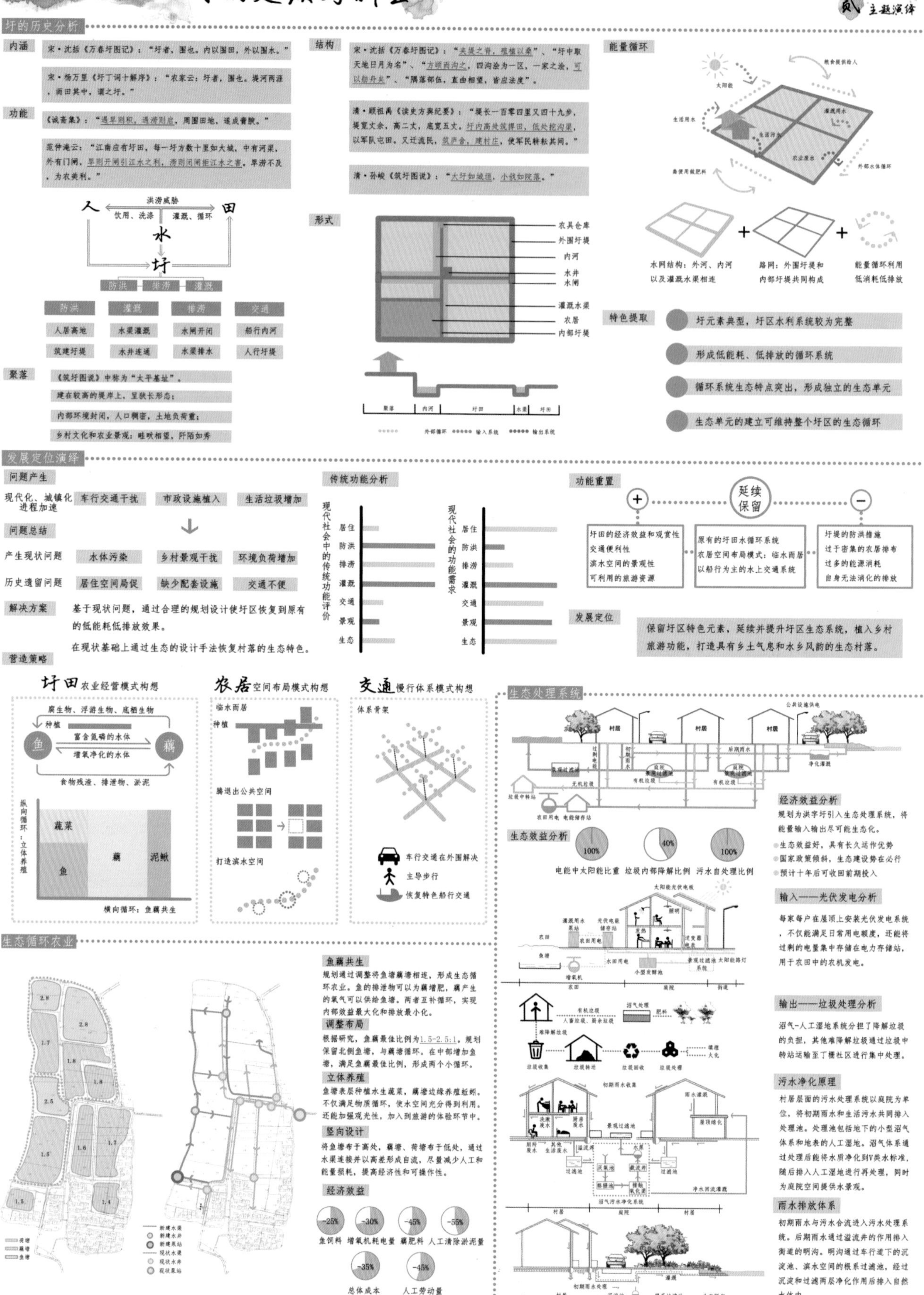
生态聚落 圩的延续与新生
圩的历史分析
内涵
宋·沈括《万春圩图记》：“圩者，围也。内以围田，外以围水。”
宋·杨万里《圩丁词十解序》：“农家云：圩者，围也。提河两涯，而田其中，谓之圩。”
功能
《诚斋集》：“遇旱则积，遇涝则启，周围田地，遂成膏腴。”
范仲淹云：“江南应有圩田，每一圩方数十里如大城，中有河渠，外有门闸，旱则开闸引江水之利，涝则闭闸拒江水之害，旱涝不及，为农美利。”
人 田 水 圩
洪涝威胁
饮用、洗涤
灌溉、循环
防洪 排涝 灌溉
防洪 灌溉 排涝 交通
人居高地 水渠灌溉 水闸开闭 船行内河
筑建圩堤 水井连通 水渠排水 人行圩堤
聚落
《筑圩图说》中称为“太平基址”。
建在较高的堤岸上，呈狭长形态；
内部环境封闭，人口稠密，土地负荷重；
乡村文化和农业景观：畦畎相望，阡陌如秀
结构
宋·沈括《万春圩图记》：“夹堤之脊，植柳以桑”、“圩中取天地日月为名”、“方顷而沟之，四沟涂为一区，一家之涂，可以舫舟矣”、“隅落部伍，直曲相望，皆应法度。”
清·顾祖禹《读史方舆纪要》：“堤长一百零四里又四十九步，堤宽丈余，高二丈，底宽五丈。圩内高处筑洋田，低处挖沟渠，以军队屯田，又迁流民，筑庐舍，建村庄，使军民耕耘其间。”
清·孙峻《筑圩图说》：“大圩如城垣，小圩如院落。”
形式
农具仓库
外围圩堤
内河
水井
水闸
灌溉水渠
农居
内部圩堤
聚居 内河 圩田 水渠 圩田
外部循环 输入系统 输出系统
能量循环
水网结构：外河、内河以及灌溉水渠相连
路网：外围圩堤和内部圩堤共同构成
能量循环利用低消耗低排放
特色提取
圩元素典型，圩区水利系统较为完整
形成低能耗、低排放的循环系统
循环系统生态特点突出，形成独立的生态单元
生态单元的建立可维持整个圩区的生态循环
发展定位演绎
问题产生
现代化、城镇化进程加速
车行交通干扰 市政设施植入 生活垃圾增加
问题总结
产生现状问题 水体污染 乡村景观干扰 环境负荷增加
历史遗留问题 居住空间局促 缺少配套设施 交通不便
解决方案
基于现状问题，通过合理的规划设计使圩区恢复到原有的低能耗低排放效果。
在现状基础上通过生态的设计手法恢复村落的生态特色。
营造策略
传统功能分析
现代社会中的传统功能评价
现代社会的功能需求
居住 防洪 排涝 灌溉 交通 景观 生态
功能重置
延续保留
圩田的经济效益和观赏性
交通便利性
滨水空间的景观性
可利用的旅游资源
原有的圩田水循环系统
农居空间布局模式：临水而居
以船行为主的水上交通系统
圩堤的防洪措施
过于密集的农居排布
过多的能源消耗
自身无法消化的排放
发展定位
保留圩区特色元素，延续并提升圩区生态系统，植入乡村旅游功能，打造具有乡土气息和水乡风韵的生态村落。
圩田 农业经营模式构想
腐生物、浮游生物、底栖生物
种植
富含氮磷的水体
增氧净化的水体
鱼 藕
食物残渣、排泄物、淤泥
纵向循环：立体养殖
蔬菜 鱼 藕 泥鳅
横向循环：鱼藕共生
农居 空间布局模式构想
临水而居
腾退出公共空间
打造滨水空间
交通 慢行体系模式构想
体系骨架
车行交通在外围解决
主导步行
恢复特色船行交通
生态处理系统
经济效益分析
规划为洪字圩引入生态处理系统，将能量输入输出尽可能生态化。
生态效益好，具有长久运作优势
国家政策倾斜，生态建设势在必行
预计十年后可收回前期投入
生态效益分析
100% 40% 100%
电能中太阳能比重 垃圾内部降解比例 污水自处理比例
输入——光伏发电分析
每家每户在屋顶上安装光伏发电系统，不仅能满足日常用电额度，还能将过剩的电量集中存储在电力存储站，用于农田中的农机发电。
输出——垃圾处理分析
沼气-人工湿地系统分担了降解垃圾的负担，其他难降解垃圾通过垃圾中转站运输至了镇社区进行集中处理。
污水净化原理
村居层面的污水处理系统以庭院为单位，将初期雨水和生活污水共同排入处理池。处理池包括地下的小型沼气体系和地表的人工湿地。沼气体系通过处理后能将水质净化到V类水标准，随后排入人工湿地进行再处理，同时为庭院空间提供水景观。
雨水排放体系
初期雨水与污水合流进入污水处理系统。后期雨水通过溢流井的作用排入街道的明沟。明沟通过车行道下的沉淀池、滨水空间的根系过滤池，经过沉淀和过滤两层净化作用后排入自然水体中。
生态循环农业
鱼藕共生
规划通过调整将鱼塘藕塘相连，形成生态循环农业。鱼的排泄物可以为藕增肥，藕产生的氧气可以供给鱼塘。两者互补循环，实现内部效益最大化和排放最小化。
调整布局
根据研究，鱼藕最佳比例为1.5-2.5:1，规划保留北侧鱼塘，与藕塘循环。在中部增加鱼塘，满足鱼藕最佳比例，形成两个小循环。
立体养殖
鱼塘表层种植水生蔬菜，藕塘边缘养殖鲢鳅。不仅满足物质循环，使水空间充分得到利用，还能加强观光性，加入到旅游的体验环节中。
竖向设计
将鱼塘布于高处，藕塘、荷塘布于低处，通过水渠连接并以高差形成自流，尽量减少人工和能量损耗，提高经济性和可操作性。
经济效益
-25% -30% -45% -55% -35% -45%
鱼饲料 增氧机耗电量 藕肥料 人工清除淤泥量 总体成本 人工劳动量

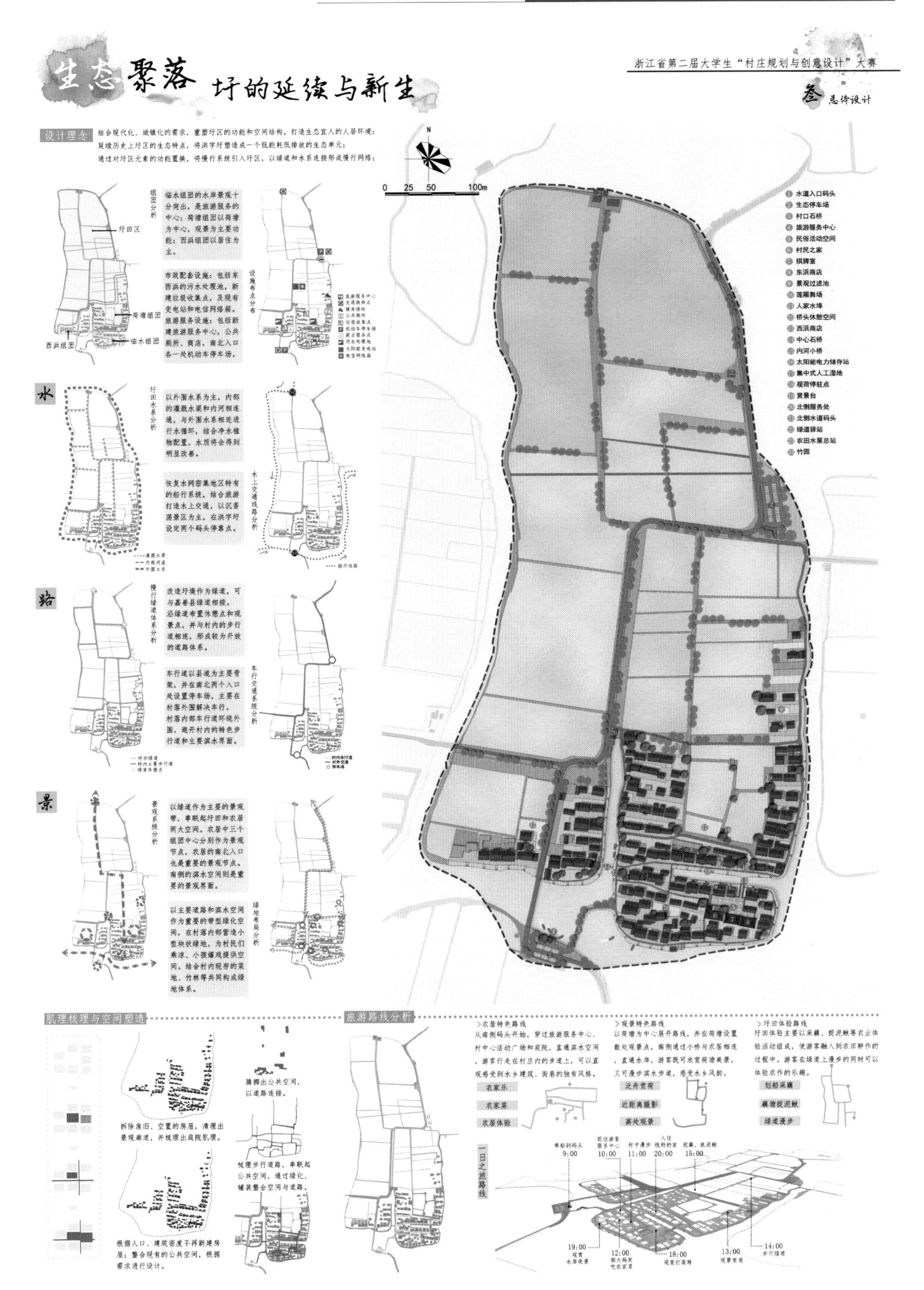

生态聚落 圩的延续与新生
浙江省第二届大学生“村庄规划与创意设计”大赛
叁 总体设计
设计理念
结合现代化、城镇化的需求，重塑圩区的功能和空间结构，打造生态宜人的人居环境；
延续历史上圩区的生态特点，将洪字圩塑造成一个低能耗低排放的生态单元；
通过对圩区元素的功能置换，将慢行系统引入圩区，以绿道和水系连接形成慢行网络；
组团分析
圩田区
荷塘组团
西浜组团
临水组团
临水组团的水岸景观十分突出，是旅游服务的中心；荷塘组团以荷塘为中心，观景为主要功能；西浜组团以居住为主。
市政配套设施：包括东西浜的污水处理池，新建垃圾收集点，及现有变电站和电信网络箱。
旅游服务设施：包括新建旅游服务中心，公共厕所、商店，南北入口各一处机动车停车场。
设施布点分布
旅游服务中心
交通换乘点
健身场地
公共厕所
垃圾收集点
机动车停车场
商业服务点
污水处理池
太阳能变电站
电信网络箱
水
圩田水系分析
以外围水系为主，内部的灌溉水渠和内河相连通，与外围水系相连进行水循环，结合净水植物配置，水质将会得到明显改善。
恢复水网密集地区特有的船行系统，结合旅游打造水上交通，以沉香荡景区为主，在洪字圩设定两个码头停靠点。
水上交通线路分析
灌溉水渠
内部河流
外围水系
船行线路
路
慢行绿道体系分析
改造圩堤作为绿道，可与嘉善县绿道相接。
沿绿道布置休憩点和观景点，并与村内的步行道相连，形成较为开放的道路体系。
车行道以县道为主要骨架，并在南北两个入口处设置停车场，主要在村落外围解决车行。
村落内部车行道环绕外围，避开村内的特色步行道和主要滨水界面。
车行交通系统分析
圩田绿道
村内主要步行道
绿道休憩点
村内车行道
对外交通
停车场
景
景观系统分析
以绿道作为主要的景观带，串联起圩田和农居两大空间。农居中三个组团中心分别作为景观节点，农居的南北入口也是重要的景观节点。南侧的滨水空间则是重要的景观界面。
以主要道路和滨水空间作为重要的带型绿化空间，在村落内部营造小型块状绿地，为村民们乘凉、小孩嬉戏提供空间。结合村内现存的菜地、竹林等共同构成绿地体系。
绿地布局分析
N
0 25 50 100m
水道入口码头
生态停车场
村口石桥
旅游服务中心
民俗活动空间
村民之家
棋牌室
东浜商店
景观过滤池
莲厢舞场
人家水埠
桥头休憩空间
西浜商店
中心石桥
内河小桥
太阳能电力储存站
集中式人工湿地
观荷停驻点
赏景台
北侧服务处
北侧水道码头
绿道驿站
农田水泵总站
竹园
肌理梳理与空间塑造
腾挪出公共空间，以道路连接。
拆除废旧、空置的房屋，清理出景观廊道，并梳理出庭院肌理。
梳理步行道路，串联起公共空间，通过绿化、铺装整合空间与道路。
根据人口、建筑密度不再新建房屋；整合现有的公共空间，根据需求进行设计。
旅游路线分析
>农居特色路线
从南侧码头开始，穿过旅游服务中心、村中心活动广场和庭院，直通滨水空间。游客行走在村庄内的步道上，可以直观感受到水乡建筑、街巷的独有风格。
农家乐
农家菜
农居体验
>观景特色路线
以荷塘为中心展开路线，并在荷塘设置数处观景点。南侧通过小桥与农居相连，直通水岸。游客既可欣赏荷塘美景，又可漫步滨水步道，感受水乡风韵。
泛舟赏荷
近距离摄影
高处观景
>圩田体验路线
圩田体验主要以采藕、捉泥鳅等农业体验活动组成，使游客融入到农田耕作的过程中。游客在绿道上漫步的同时可以体验农作的乐趣。
划船采藕
藕塘捉泥鳅
绿道漫步
一日之旅路线
乘船到码头 9:00
前往游客服务中心 10:00
村中漫步 11:00
入住钱奶奶家 20:00
挖藕、抓泥鳅 15:00
19:00 观赏水岸夜景
12:00 郁大妈家吃农家菜
18:00 观赏打莲厢
13:00 观景赏荷
14:00 步行绿道

生态聚落 圩的延续与新生

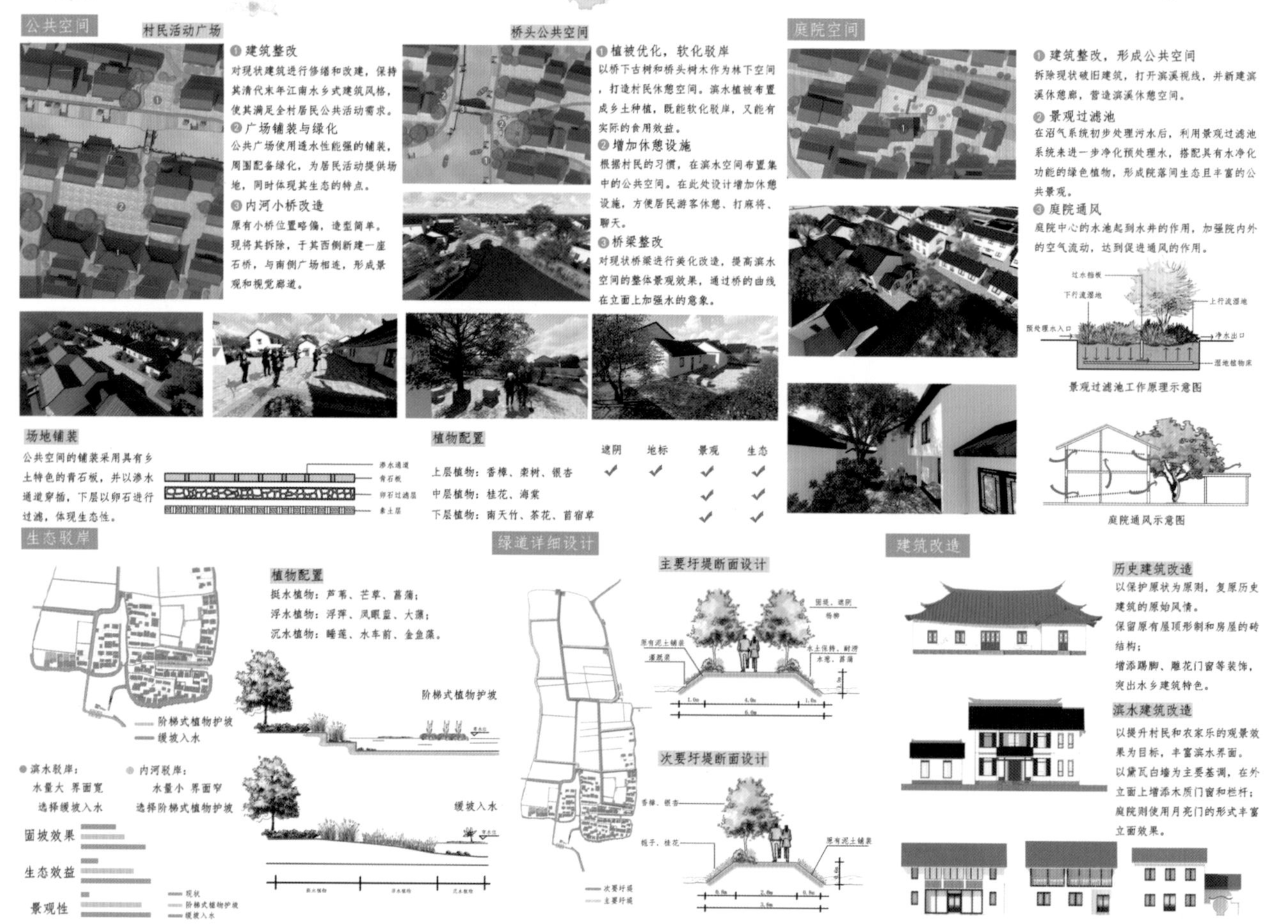

专家点评 —— 规划专家团

专家1

通过分析提出了问题，包括水污染、乡村景观和环境负荷。围绕问题和短板来提出措施，尤其是村庄居民点的规划设计、建筑整改、桥头空间塑造和庭院空间的整理较准，村域层面的内容可再完善。

专家2

作品反映了乡村空间的延续及秩序新生，但应进一步思考村庄可持续发展的问题。

专家3

对圩的历史与功能分析深入，提出低能耗低排放圩为生态单元的概念，有良好的推广价值。技术性的设计内容可再深入一些，例如怎样实现生态单元。

专家4

“生态主题”在滨水空间设计应进一步彰显，版面设计中未能充分凸显核心理念，户型设计过于平淡，未能反映水乡风貌特色。

专家5

作品体现村庄的水乡与农业特色：水与圩 围绕问题（水污染，乡村景观，环境负荷）提出建筑整改，桥头空间与庭院空间的重塑较好。

浙江农林大学（城乡规划）

浜水护田将绿绕，平川悠居菱歌谣——西塘镇红菱村规划设计

设计感言：

本次设计建立在深入了解、调查网埭浜当地居民生活、生产状况的基础上，我们希望能以人为本，切实地为提高村民生活质量，改善居住环境出谋划策。在整个规划设计的过程中，我们得到了来自老师、当地村委村民、设计院老师们的无私的帮助，如果没有他们伸以援手我们无法开展设计。此次乡村规划创意大赛让我们关注到了三农问题，对于乡村有了更多的了解。同时也让我们群策全力、团结合作，尽管在设计过程中遇到了许多问题，但是在老师的指导下，同学们齐心协力，克服了困难。总而言之，这次比赛让我们收获良多。

村庄区位

红菱村，地处浙江省嘉兴市嘉善县西塘镇北面。西塘隶属浙江省嘉善县，位于江浙沪三省交界处，为江南六大古镇之一。

2008 年，南港村、南旱村、高家浜村、三成村四个行政村撤并而成红菱村。网埭浜为红菱村下一自然村，居于中心位置。也是美丽乡村建设示范点。

村庄简介

红菱村离西塘古镇约 5 公里，对外交通主要依托乡村道路，乡村道路网络化布局，对外联系较为便捷。红菱村位于北亚热南缘的东亚季风区，全年主导风向为东南风，温和湿润，四季分明，雨量充沛。季风是影响气候的主要因素，以冬冷夏热为特征。常年平均气温 15.8℃，1 月最冷，月平均气温 3.7℃，7 月最热，月平均气温 27.8℃。历年平均降雨量 1155.7 毫米，年平均降水日数约为 138 天左右。雨水较多。历年平均日照时数 1927.3 小时。村域河流纵横交错，浜溇密布，水流由西向东，汇入黄浦江，注入东海。红菱村是平原地区，水网密布，四周基本被河包围，村庄内部还有许多小水系，居民点依水而建，水系围合区域多为农田，农田规模较大，从几百亩到上千亩不等，成片农田形成较好的农田景观。

村庄照片

村内河道照片

村内建筑照片

村内景观照片

村内全景照片

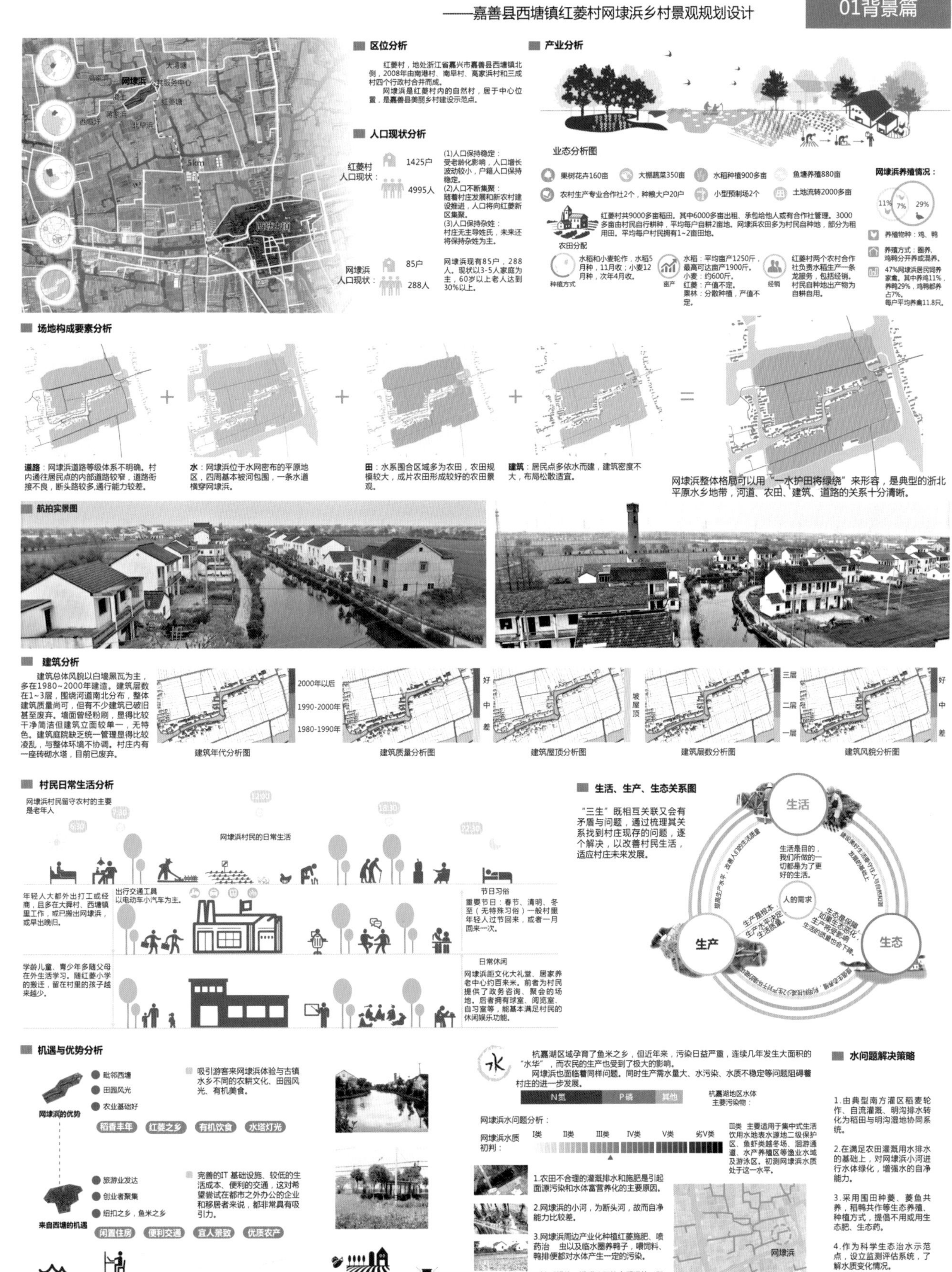
浜水护田将绿绕，平川悠居菱歌谣
——嘉善县西塘镇红菱村网埭浜乡村景观规划设计
浙江省第二届大学生“乡村规划与创意设计”大赛
01背景篇
区位分析
红菱村，地处浙江省嘉兴市嘉善县西塘镇北侧，2008年由南港村、南阜村、高家浜村和三成村四个行政村合并而成。
网埭浜是红菱村内的自然村，居于中心位置，是嘉善县美丽乡村建设示范点。
人口现状分析
红菱村人口现状：1425户 4995人
(1)人口保持稳定：受老龄化影响，人口增长波动较小，户籍人口保持稳定。
(2)人口不断集聚：随着村庄发展和新农村建设推进，人口将向红菱新区集聚。
(3)人口保持杂姓：村庄无主导姓氏，未来还将保持杂姓为主。
网埭浜人口现状：85户 288人
网埭浜现有85户，288人。现状以3-5人家庭为主，60岁以上老人达到30%以上。
产业分析
业态分析图
果树花卉160亩
大棚蔬菜350亩
水稻种植900多亩
鱼塘养殖880亩
农村生产专业合作社2个，种粮大户20户
小型预制场2个
土地流转2000多亩
红菱村共9000多亩稻田，其中6000多亩出租、承包给他人或有合作社管理。3000多亩由村民自行耕种，平均每户自耕2亩地。网埭浜农田多为村民自种地，部分为租用田。平均每户村民拥有1~2亩田地。
农田分配
种植方式：水稻和小麦轮作，水稻5月种，11月收；小麦12月种，次年4月收。
亩产：水稻：平均亩产1250斤，最高可达亩产1900斤。小麦：约600斤。红菱：产值不定。果林：分散种植，产值不定。
经营：红菱村两个农村合作社负责水稻生产一条龙服务，包括经销。村民自种地出产物为自耕自用。
网埭浜养殖情况：
养殖物种：鸡、鸭
养殖方式：圈养、鸡鸭分开养或混养。
47%网埭浜居民饲养家禽。其中养鸡11%，养鸭29%，鸡鸭都养占7%。每户平均养禽11.8只。
场地构成要素分析
道路：网埭浜道路等级体系不明确。村内通往居民点的内部道路较窄，道路衔接不良，断头路较多,通行能力较差。
水：网埭浜位于水网密布的平原地区，四周基本被河包围，一条水道横穿网埭浜。
田：水系围合区域多为农田，农田规模较大，成片农田形成较好的农田景观。
建筑：居民点多依水而建，建筑密度不大，布局松散适宜。
网埭浜整体格局可以用“一水护田将绿绕”来形容，是典型的浙北平原水乡地带，河道、农田、建筑、道路的关系十分清晰。
航拍实景图
建筑分析
建筑总体风貌以白墙黑瓦为主，多在1980~2000年建造。建筑层数在1~3层，围绕河道南北分布，整体建筑质量尚可，但有不少建筑已破旧甚至废弃。墙面曾经粉刷，显得比较干净简洁但建筑立面较单一，无特色。建筑庭院缺乏统一管理显得比较凌乱，与整体环境不协调。村庄内有一座砖砌水塔，目前已废弃。
建筑年代分析图
建筑质量分析图
建筑屋顶分析图
建筑层数分析图
建筑风貌分析图
村民日常生活分析
网埭浜村民留守农村的主要是老年人
网埭浜村民的日常生活
年轻人大都外出打工或经商，且多在大舜村、西塘镇里工作，或已搬出网埭浜，或早出晚归。
出行交通工具以电动车小汽车为主。
节日习俗：重要节日：春节、清明、冬至（无特殊习俗）一般村里年轻人过节回来，或者一月回来一次。
学龄儿童，青少年多随父母在外生活学习。随红菱小学的搬迁，留在村里的孩子越来越少。
日常休闲：网埭浜距文化大礼堂、居家养老中心约百米。前者为村民提供了政务咨询、聚会的场地。后者拥有球室、阅览室、自习室等，能基本满足村民的休闲娱乐功能。
生活、生产、生态关系图
“三生”既相互关联又会有矛盾与问题，通过梳理其关系找到村庄现存的问题，逐个解决，以改善村民生活，适应村庄未来发展。
生活
生产
生态
人的需求
生活是目的，我们所做的一切都是为了更好的生活。
机遇与优势分析
毗邻西塘
田园风光
农业基础好
网埭浜的优势
稻香丰年
红菱之乡
有机饮食
水塔灯光
吸引游客来网埭浜体验与古镇水乡不同的农耕文化、田园风光、有机美食。
旅游业发达
创业者聚集
纽扣之乡，鱼米之乡
来自西塘的机遇
完善的IT基础设施、较低的生活成本、便利的交通，这对希望尝试在都市之外办公的企业和移居者来说，都非常具有吸引力。
闲置住房
便利交通
宜人景致
优质农产
从西塘到网埭浜
归田园居
杭嘉湖区域孕育了鱼米之乡，但近年来，污染日益严重，连续几年发生大面积的“水华”，而农民的生产也受到了极大的影响。
网埭浜也面临着同样问题。同时生产需水量大、水污染、水质不稳定等问题阻碍着村庄的进一步发展。
N氮
P磷
其他
杭嘉湖地区水体主要污染物：
网埭浜水问题分析：
网埭浜水质初判：
Ⅰ类 Ⅱ类 Ⅲ类 Ⅳ类 Ⅴ类 劣Ⅴ类
Ⅲ类 主要适用于集中式生活饮用水地表水源地二级保护区、鱼虾类越冬场、洄游通道、水产养殖区等渔业水域及游泳区。初测网埭浜水质处于这一水平。
1.农田不合理的灌溉排水和施肥是引起面源污染和水体富营养化的主要原因。
2.网埭浜的小河，为断头河，故而自净能力比较差。
3.网埭浜周边产业化种植红菱施肥、喷药治虫以及临水圈养鸭子，喂饲料、鸭排便都对水体产生一定的污染。
4.缺乏规律、透明公开的水质评估，即合理的监测系统。
网埭浜
农业污染
养殖污染
自净能力差
缺监管
水问题解决策略
1.由典型南方灌区稻麦轮作、自流灌溉、明沟排水转化为稻田与明沟湿地协同系统。
2.在满足农田灌溉用水排水的基础上，对网埭浜小河进行水体绿化，增强水的自净能力。
3.采用围田种菱、菱鱼共养，稻鸭共作等生态养殖、种植方式，提倡不用或用生态肥、生态药。
4.作为科学生态治水示范点，设立监测评估系统，了解水质变化情况。

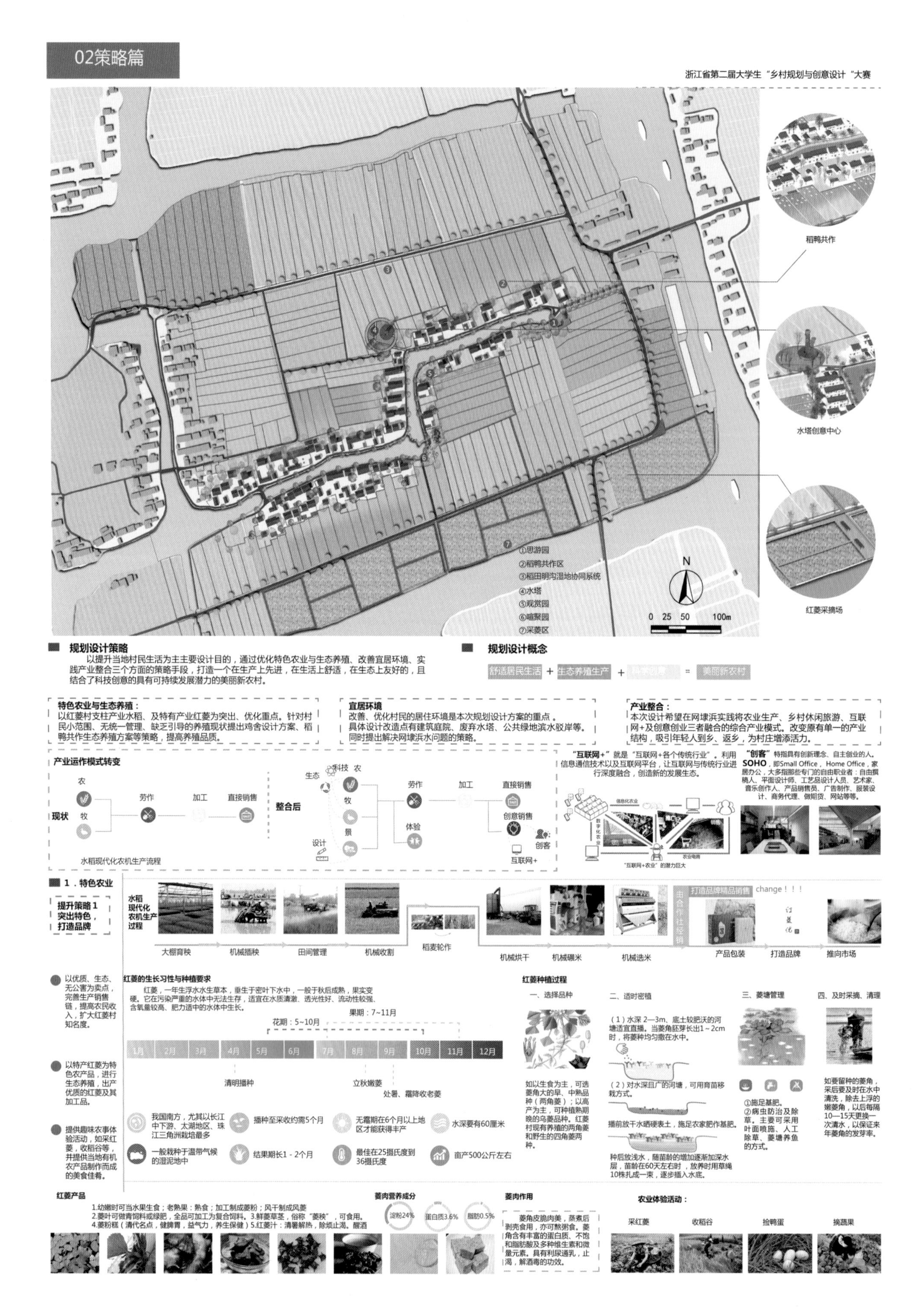
02策略篇
浙江省第二届大学生“乡村规划与创意设计”大赛
稻鸭共作
水塔创意中心
红菱采摘场
①思游园
②稻鸭共作区
③稻田明沟湿地协同系统
④水塔
⑤观赏园
⑥喧聚园
⑦采菱区
N
0 25 50 100m
规划设计策略
以提升当地村民生活为主主要设计目的，通过优化特色农业与生态养殖、改善宜居环境、实践产业整合三个方面的策略手段，打造一个在生产上先进，在生活上舒适，在生态上友好的，且结合了科技创意的具有可持续发展潜力的美丽新农村。
规划设计概念
舒适居民生活 + 生态养殖生产 + 科学创意 = 美丽新农村
特色农业与生态养殖：
以红菱村支柱产业水稻、及特有产业红菱为突出、优化重点。针对村民小范围、无统一管理、缺乏引导的养殖现状提出鸡舍设计方案、稻鸭共作生态养殖方案等策略，提高养殖品质。
宜居环境
改善、优化村民的居住环境是本次规划设计方案的重点。
具体设计改造点有建筑庭院、废弃水塔、公共绿地滨水驳岸等。
同时提出解决网埭浜水问题的策略。
产业整合：
本次设计希望在网埭浜实践将农业生产、乡村休闲旅游、互联网+及创意创业三者融合的综合产业模式。改变原有单一的产业结构，吸引年轻人到乡、返乡，为村庄增添活力。
产业运作模式转变
现状
农
牧
劳作
加工
直接销售
水稻现代化农机生产流程
整合后
生态
科技
农
牧
景
设计
劳作
体验
加工
直接销售
创意销售
创客
互联网+
“互联网+”就是“互联网+各个传统行业”。利用信息通信技术以及互联网平台，让互联网与传统行业进行深度融合，创造新的发展生态。
信息化农业
数字化农业
农业电商
“互联网+农业”的潜力巨大
“创客”特指具有创新理念、自主创业的人。
SOHO，即Small Office，Home Office，家居办公，大多指那些专门的自由职业者：自由撰稿人、平面设计师、工艺品设计人员、艺术家、音乐创作人、产品销售员、广告制作、服装设计、商务代理、做期货、网站等等。
1．特色农业
提升策略1
突出特色，
打造品牌
水稻现代化农机生产过程
大棚育秧
机械插秧
田间管理
机械收割
稻麦轮作
机械烘干
机械碾米
机械选米
由合作社经销
打造品牌精品销售
change！！！
产品包装
打造品牌
推向市场
以优质、生态、无公害为卖点，完善生产销售链，提高农民收入，扩大红菱村知名度。
以特产红菱为特色农产品，进行生态养殖，出产优质的红菱及其加工品。
提供趣味农事体验活动，如采红菱，收稻谷等，并提供当地有机农产品制作而成的美食佳肴。
红菱的生长习性与种植要求
红菱，一年生浮水水生草本，垂生于密叶下水中，一般于秋后成熟，果实变硬。它在污染严重的水体中无法生存，适宜在水质清澈、透光性好、流动性较强、含氧量较高、肥力适中的水体中生长。
花期：5~10月
果期：7~11月
1月 2月 3月 4月 5月 6月 7月 8月 9月 10月 11月 12月
清明播种
立秋嫩菱
处暑、霜降收老菱
我国南方，尤其以长江中下游、太湖地区、珠江三角洲栽培最多
播种至采收约需5个月
无霜期在6个月以上地区才能获得丰产
水深要有60厘米
一般栽种于温带气候的湿泥地中
结果期长1 - 2个月
最佳在25摄氏度到36摄氏度
亩产500公斤左右
红菱种植过程
一、选择品种
如以生食为主，可选菱角大的早、中熟品种（两角菱）；以高产为主，可种植熟期晚的乌菱品种。红菱村现有养殖的两角菱和野生的四角菱两种。
二、适时密植
（1）水深 2—3m、底土较肥沃的河塘适宜直播。当菱角胚芽长出1~2cm时，将菱种均匀撒在水中。
（2）对水深且广的河塘，可用育苗移栽方式。
播前放干水晒硬表土，施足农家肥作基肥。
种后放浅水，随苗龄的增加逐渐加深水层，苗龄在60天左右时，放养时用草绳10株扎成一束，逐步插入水底。
三、菱塘管理
①施足基肥。
②病虫防治及除草。主要可采用叶面喷施、人工除草、菱塘养鱼的方式。
四、及时采摘、清理
如要留种的菱角，采后要及时在水中清洗，除去上浮的嫩菱角，以后每隔10—15天更换一次清水，以保证来年菱角的发芽率。
红菱产品
1.幼嫩时可当水果生食；老熟果：熟食；加工制成菱粉；风干制成风菱
2.菱叶可做青饲料或绿肥，全品可加工为复合饲料。3.鲜菱草茎，俗称“菱秧”，可食用。
4.菱粉糕（清代名点，健脾胃，益气力，养生保健）5.红菱汁：清暑解热，除烦止渴。醒酒
菱肉营养成分
淀粉24%
蛋白质3.6%
脂肪0.5%
菱肉作用
菱角皮脆肉美，蒸煮后剥壳食用，亦可熬粥食。菱角含有丰富的蛋白质、不饱和脂肪酸及多种维生素和微量元素。具有利尿通乳，止渴，解酒毒的功效。
农业体验活动：
采红菱
收稻谷
捡鸭蛋
摘蔬果

03设计篇

2.生态养殖

提升策略2：
尤其是针对村民自耕的田地，可以结合生态科技，倡导生产有机农产品。

采用稻鸭共作是一种环保、生态的种养结合方法，可促农户获得双重经济收入。

网埭浜原为 典型南方灌区稻麦轮作、自流灌溉、明沟排水。现引进稻田与明沟湿地协同系统（PaddyEco-Ditch and Wetland System，PEDWS），构成阻截农田初期雨水污染物流入农村沟道、防治农田面源污染、修复水环境的生态净化系统。

将稻鸭共作与PEDWS结合，在网埭浜实践，一方面结合了村民自耕自种，且主要劳动力为老人而更适合发展有机农业的现状，另一方科技和生态理念的注入有益于控制水问题中最突出的农业、养殖污染。

稻鸭共作系统

稻鸭共作技术是指将雏鸭放人稻田，利用雏鸭旺盛的杂食性，吃掉稻田内的杂草和害虫；利用鸭不间断的活动刺激水稻生长，产生中耕浑水效果；同时鸭的粪便作为肥料，最后连鸭本身也可以食用。在稻田有限的空间里生产无公害、安全的大米和鸭肉，所以稻鸭共作技术是一种种养复合、生态型的综合农业技术。

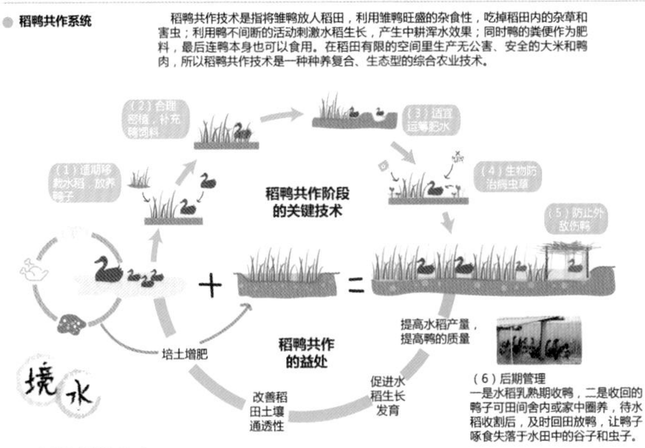

稻田与明沟湿地协同系统

杭嘉湖区域地势低平，农田区沟渠众多且较为统一，如果利用现有农田沟渠建成具有拦截功能的生态沟渠，将能减小农田流失氮磷进入水体的风险；再结合生态沟塘，又能截留降雨径流，有效控制农田面源污染的输出。

（1）灌溉处理设计

管理站 蓄水池 农田

电表 水表 控管仪器 水表

1.在保证农业排水要求下减少氮磷流失——稻田部分进行灌溉设计。

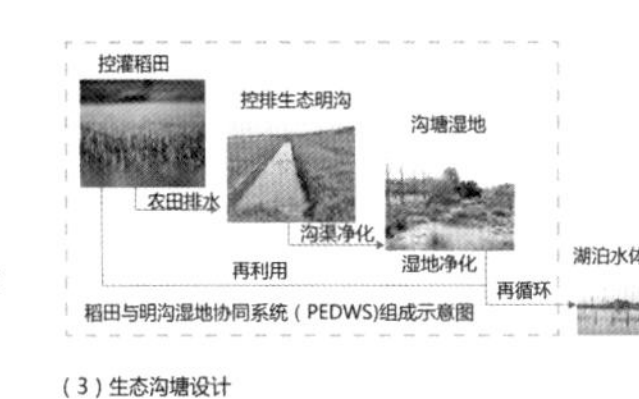

稻田与明沟湿地协同系统（PEDWS）组成示意图

（2）排水处理设计

农田 排水沟 阀门

2.控制排水明沟通过在排水沟（农、斗）末端安装水位控制闸门，实现明沟排水系统的排水调蓄。——沟渠部分进行排水处理设计。

（3）生态沟塘设计

3.将连接农田与下游水体之间的废弃生产河和塘塘改造成湿地。初步先对网埭浜河道进行模拟湿地的水体绿化——沟塘部分进行湿地设计。

水岸改造方案

设计说明：将埠头改为两面下水形式增加亲水体验。植物配置上，以乔木加地被为主要形式，保持水岸视线通透。植物选择乡野植物为主，乔木以原生的柳树、樟树为主。利用香蒲、鸢尾、狐尾藻等水生植物进行水体绿化，一方面丰富生态多样性，增加水体自净能力及抗污能力，另一方面柔化驳岸增强景观效果。

庭院内种植的树木推荐以果树为主，经调查，当地适宜种植葡萄、琵琶、柿树、杨梅等。果树种植经济实惠富有农家情趣。

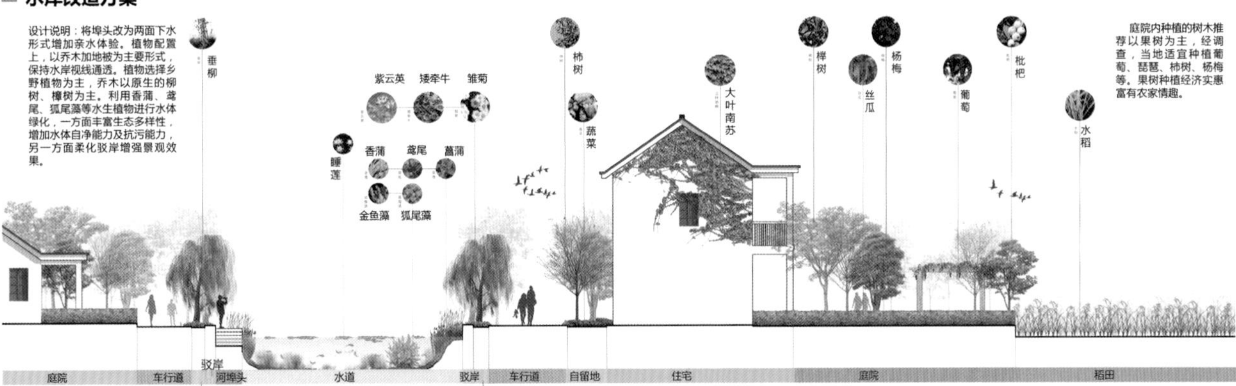

水塔改造方案

境

设计构思

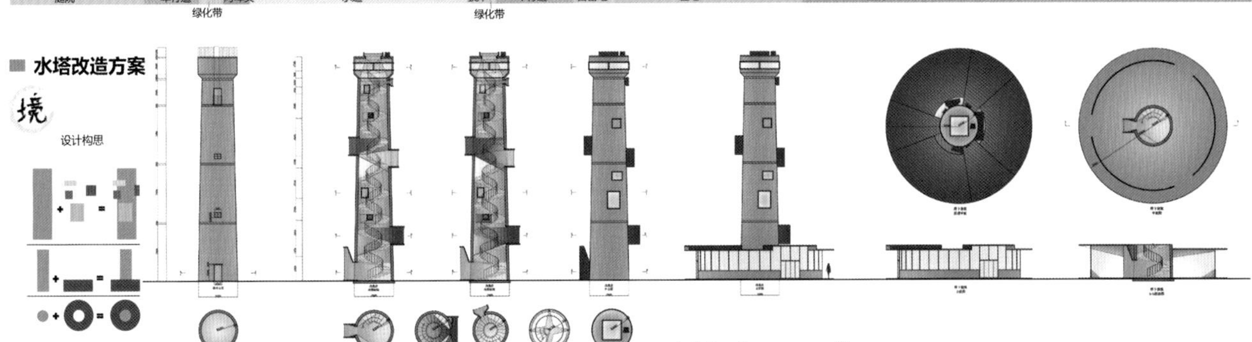

水塔位置

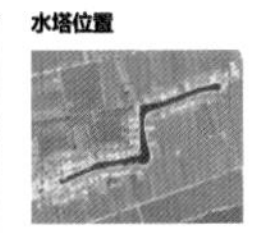

水塔位于红菱村网埭浜的第一个转角，处于相对中心位置，是全村的视觉焦点，周边是大量耕地，地势平坦。

服务半径及视线分析

水塔所在网埭浜为水乡平原地区，地势平坦，多耕地，建筑以二层为主，经调查，水塔可见视线范围为方圆1公里，可作为该地区的视觉中心。

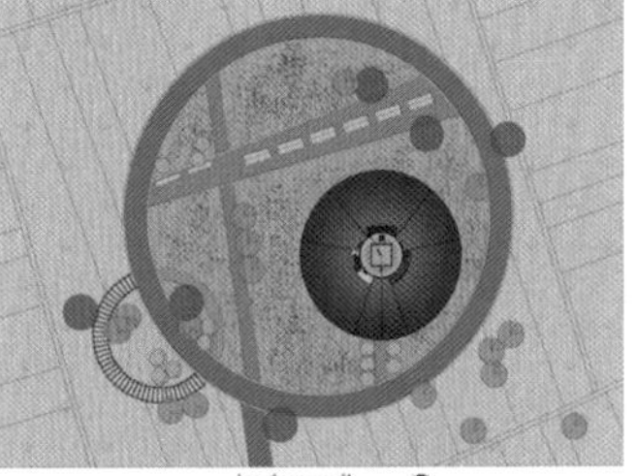
水塔及周边绿地设计总平面图

设计说明

废弃的水塔是乡村记忆的载体，在广阔平坦的稻田中它孤立而醒目，故将其定位为网埭浜的标志性建筑，使其成为村庄景观的亮点。设计时保留水塔砖砌外墙，加建圆柱型一层建筑，作为活动缓冲空间。在塔身四面增加多个类似“相机镜头”的采光窗，以钢板和彩色玻璃构成，登塔而上，内部的彩色窗户带来丰富的光线变化，而有些悬窗可站上向外观景，塔顶平台可观全景；到晚上水塔内部灯亮，彩色窗口透射出光线，搭配塔顶的激光灯，形成一个灯光秀。

水塔周边绿地与水塔相呼应，以圆为设计要素，用不同大小的圆形相结合、切割出场地，周边为稻田。半圆娱乐场地，供居民休闲娱乐；水塔周边绿地设计以向日葵田为主体，即增加了观赏性又富有乡村气息。

04设计篇

浙江省第二届大学生"乡村规划与创意设计"大赛

■建筑庭院改造方案

庭院类型

开放式

半开放式

封闭式

设计说明：

网埭浜本身建筑格局较好，在保留原有建筑结构的情况下，建议对老旧建筑进行修补。

庭院作为连接起居空间与公共空间的过渡地带，因管理无序而存在着杂乱无章的情况，故将其定为改造设计重点。

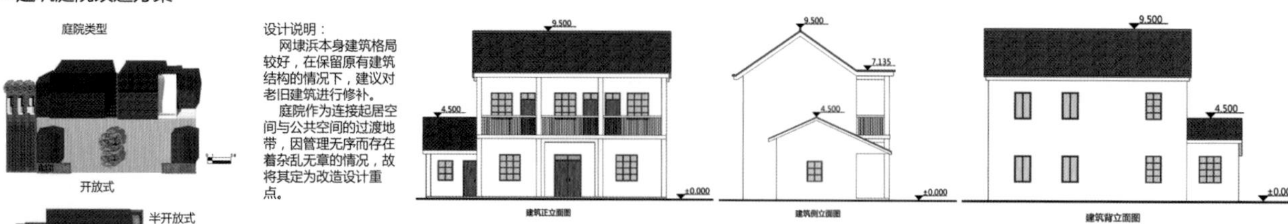

1.对于两户、三户相邻完全开放的庭院，可加植树木作为界限以及创造吸引人们停留相距的树下空间。整理庭院内部空地，搭建廊架，使凌乱种植的蔬菜可攀援生长。

2.对于较独立的半开放式人家，在庭院四周设置卵石矮墙，形成半围合的空间，即有一定的安全性，又可满足邻里交流的需要。同时小菜地可靠矮墙设置，中心地带保持开敞。

3.对于独立、封闭式的庭院，重点在于整理内部庭院。建议菜地种植于宅间空地，庭院中间大部分区域保持敞亮，鸡舍、瓜棚沿矮墙布置。

■鸡舍设计

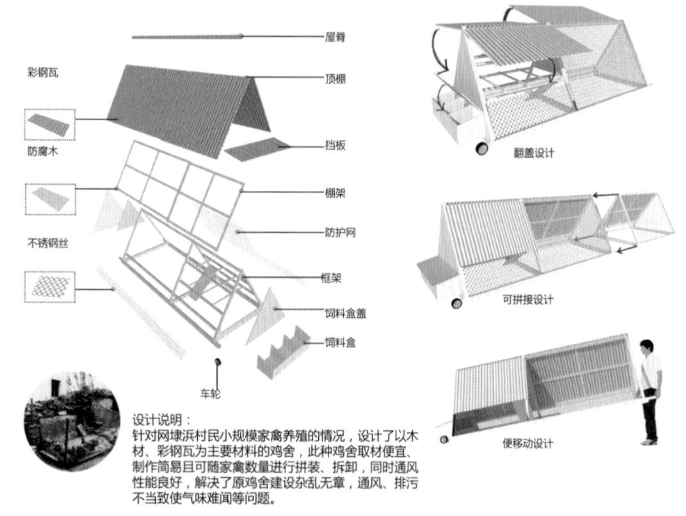

设计说明：

针对网埭浜村民小规模家禽养殖的情况，设计了以木材、彩钢瓦为主要材料的鸡舍，此种鸡舍取材便宜、制作简易且可随家禽数量进行拼装、拆卸，同时通风性能良好，解决了原鸡舍建设杂乱无章，通风、排污不当致使气味难闻等问题。

■公共绿地设计

设计说明：

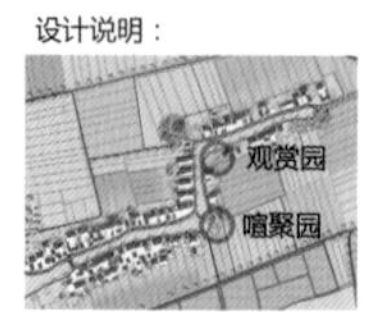

观赏园，位于标志性景观水塔对面，是最主要的景观节点，游人观赏佳地。园内设有露天电影，供村民交流娱乐休息;观稻台，既是观赏广袤无垠的稻田景观的主要平台，也是农忙时候临时休息场地;圆形舞台，竖向上有所打破，是主要的观望节点。

嘻聚园，位于九曲桥附近，与道路相邻，是重要的交通汇集地，人流疏散地，设置小广场，提供林下空间，供人们休憩闲聊，简单矩形组合形成不同空间布置园椅，满足不同的功能要求，是村民们聚会活动的主要场所。

■鸟瞰图

< 专家点评

规划专家团

专家 1

提出“三生空间”的规划设计概念很有新意：舒适三生 + 生态生产 + 科学创意 = 新农村。生态水岸，养殖设计挺好，水塔改景观节点好，建筑庭院有特色。

专家 2

景观设计思考较为深入，对重要元素进行了有针对性的处理。

专家 3

“三生空间”有强调提出，建筑庭院有特色。规划设计概念：舒适生产 + 生态生产 + 科学创意有亮点。生态水岸、养殖设计挺好，水景改造，景观节点好。建筑方案过于朴素。

专家 4

“围绕三生空间”开展了水乡风貌的特色打造有新意，但缺少村庄设计层面的内容，包括公共空间分析与节点意向设计。农房改造水乡特色不鲜明。

专家 5

设计手法过于传统，强调功能平衡。

浙江树人大学（城乡规划）

印象河浜——天凝镇麟溪村规划设计

设计感言：

这次比赛，我们一直思考村落究竟该任其发展陨落还是人为有机干预改造。明白了村庄设计应考虑其自身的发展，不应盲目定位。我们发现如今的村庄越来越往现代化发展已失去了其本身的韵味，而留住乡愁是我们在设计中应考虑的。随着生产、生活方式的转发，村庄的生态也破坏的十分严重，生态修复是建设美丽乡愁的首要工作。新农居也不可能再以满足田耕的生活方式而设计。这次的设计也让我们明白了村庄演变的多样性和众多影响因素。我们也领悟到了团队精神的可贵，也感受到了打造出一个心目中美丽乡村后的喜悦。这是一段辛苦且丰富的人生经历，我们都非常有幸能够参与其中并且受益颇多。

村庄区位

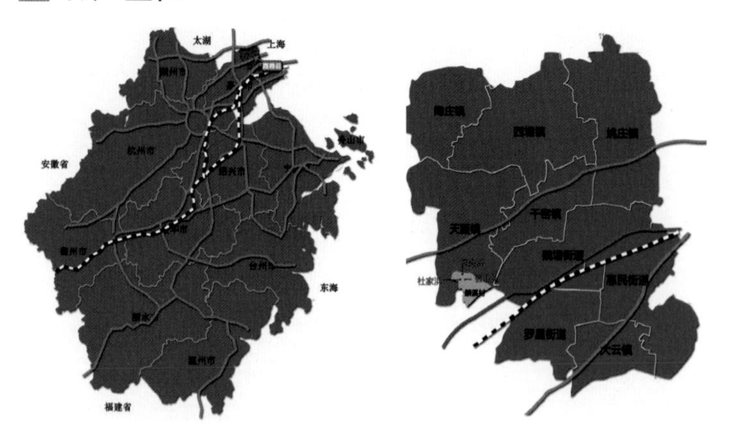

该地块位于天凝镇麟溪村的左上角村界处，位于嘉善县西北部。该地块距离上海、苏州均不到百公里，与杭州、宁波以及嘉兴中心城区、嘉善城区也有便捷的交通联系。处在嘉兴北接上海、苏州的桥头堡地位。

水陆交通发达，网络体系完善。东部有申嘉湖高速公路出入口，周边有 320 国道和平黎公路。并有嘉湖申线、杭申线两条四级航道。便捷的交通体系使其发展充满了良好前景。

村庄简介

麟溪村自然资源基础良好，水系发达，村庄主河道东西向流经村庄，是村庄的重要水脉，沿河两侧都有居民的建筑存在。麟溪村是浙江省嘉兴市嘉善县杨庙镇中心村，全村共有 20 个自然村，划分为 31 个组，共有农户 857 户，现有总人口 3033 人，拥有党员 87 名。全村区域面积 4350 亩，现有耕地面积 3326 亩，到 2007 年底，实现工农业总产值 3.3 亿，村级可支配资金 123 万元，农民人均纯收入 9600 元。村组建了村庄整治卫生保洁队，注重对居民房前屋后及村道的保洁，美化村居环境，今年构筑白色路面 4 公里左右，全村 90% 以上的村道提前实现了路面硬化，并对坟头浜、杜家浜、南浜、大浜实施了河道清淤，共投入资金 15 万元，同时积极做好卫生防疫工作，协助兽医站打好家禽的防疫针，并召开会议开展好防霍乱土井消毒等活动，共消毒土井 653 只，村居环境面貌得到了明显的改善。

村庄照片

村内河道照片

村内建筑照片

村内景观照片

村内现状照片

印象河浜

嘉善县麟溪村美丽乡村规划设计

浙江省第二届大学生“乡村规划与创意设计”大赛

1

构思来源

倒流回　最初的相遇

椿与楸从看见这个世界以来，就生活在河浜之中，她们在清澈见底的河水中嬉戏，以水草为伙，以卵石为伴。

椿：楸，你听到河岸边的欢笑声了吗，能陪我去看看吗？
楸：好，我陪你去。

椿和楸探着她们的脑袋，瞅着岸边嬉闹的人们，这样的日子感觉能永远停留在此。

幸福的日子总是短暂，不幸的烦恼接踵而来。河水渐渐失去了原有的颜色，岸边悦耳的唠叨声也在慢慢的消失。

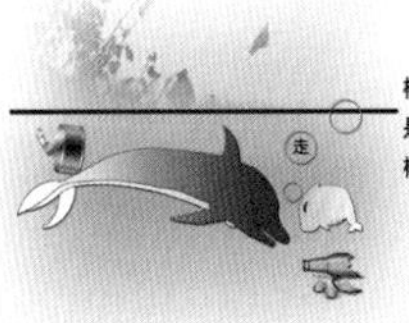

椿：楸，我们走吧，这里已经不是原来的家了。
楸耷拉着脑袋，不知所措。

记忆是最无法割舍的。
楸：我想忘记一些事情，可怎么也忘不了。
河浜：忘不了就别忘了，真正的忘记是不需要努力的。

椿和楸一边舍不得曾经的美好，一边又因为环境不得不离开。泪水流淌着，淹没在脏乱的河水中。

亲爱的人们，你听到她们的哭泣了吗，你是否也会想起当初的美好，河岸边的嬉戏打闹你还记得吗？

椿：楸，我们守在这吧，等到有一天，这里回到最初的样子，我们相遇的时候，碧海蓝天，岁月静好。

区域位置

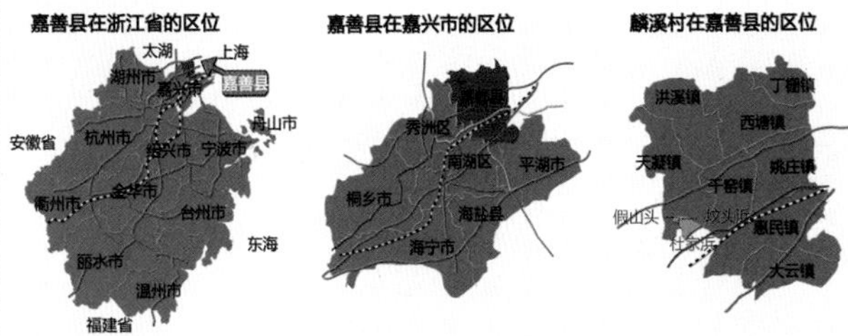

上位规划解读

《嘉善县天凝镇总体规划》

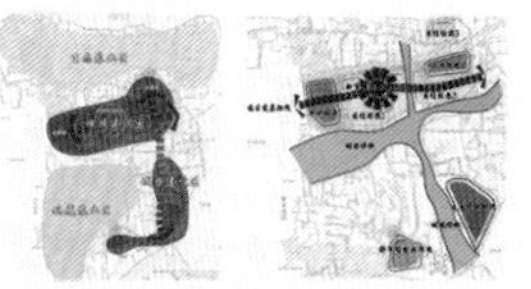

天凝镇镇域功能结构：以产业为先导，培育双极，带动城乡同步发展，形成“一心、两轴、四区”的空间结构。镇区总体空间结构为一心一轴二楔、七组团。麟溪村定位为都市型农业组团、观光农业区。

区位分析

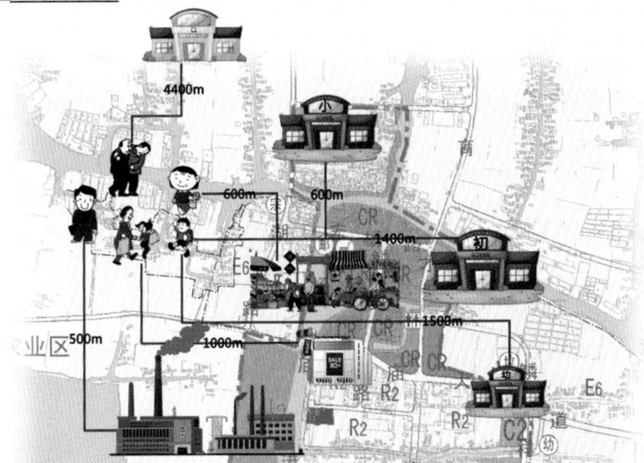

村落形态

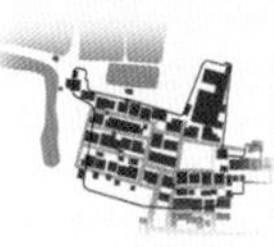

优点：村庄形态肌理内聚性强，易于随着村庄扩大逐步沿路拓展延伸。
缺点：对村落附近的河水利用率不高。

街巷式

优点：村庄受到河流的影响自然分布成两个相互独立又联系密切组团。
缺点：河流距离村落较近，发生洪涝时对河堤建设的要求较高。

组团式

优点：建筑虽散点分布，却又凝聚于某个中心。与周围自然环境融为一体，有一种不拘一格自然随机的肌理美。
缺点：房屋间距较大所以显得较浪费土地。

散点式

用地分析

道路分析

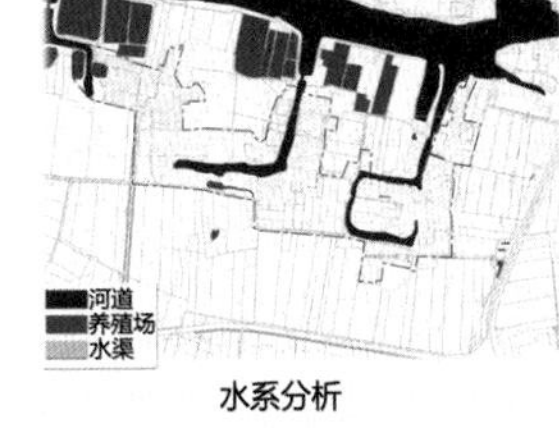

水系分析

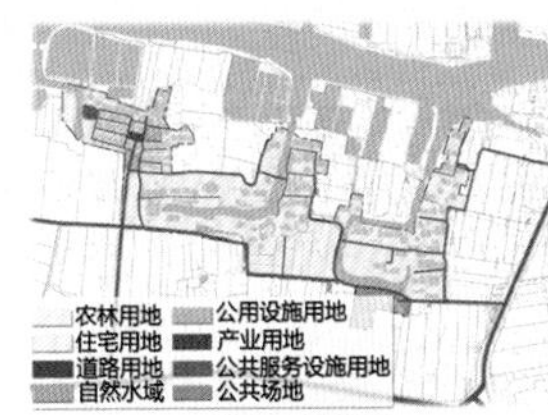

现状土地利用

道路
建筑
水域

现状肌理分析

建筑高度分析

建筑质量分析

SWTO分析

1.当地多以农田为主，河流众多，是典型的江南水乡。2.距离最近的高速仅半小时车程。

1.内置纺纱厂，污水排放问题棘手；2.道路硬化过度，公共设施不完善；3.环境脏、乱、差严重。

1.十三五规划对建设美丽新农村的要求
2.处于总体定位为观光农业和新型城镇的交叉点上。

1.村民环境保护意识不足，缺乏相应机制。
2.农业为次要产业，人口外流。

现状资源评估

1.区位交通：宏、微观区位条件都较好，但是疏于整治 ★★★★
2.周边资源：离工业园区、镇中心较近，服务设施齐全 ★★★★★
3.自然资源：自然资源丰富，水系贯穿农居，农田分布在农居四周 ★★★★
4.人文资源：明朝时期为沈姓大户的沈宅所在地，遗迹被抹灭 ★
5.建筑结构：建筑整体结构单一、外立面破旧、无水乡特色 ★★
6.特色产业：有少数手工纺织作坊，但严重污染了水资源 ★
7.其他要素：分布分散，质量参差不齐 ★

规划理念

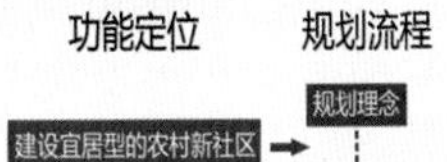

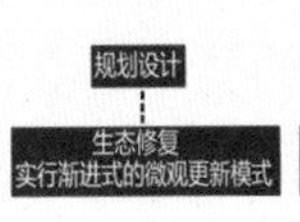

环境修复与再发展
生态环境、公共空间环境
建筑环境

设计任务
全面挖掘河浜文化
生态修复和空间打造
村民建筑有机更新模式
建设宜居型农村新社区

印象河浜

嘉善县麟溪村美丽乡村规划设计

浙江省第二届大学生“乡村规划与创意设计”大赛

2

主题阐述

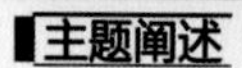

“观於城中众流贯州，吐吸震泽，小浜别派，旁夹路衢。”也就是说依贴路边的断头小河沟叫做浜。

农耕时代的鱼肥米香

农耕时代依靠人畜车水经长距离土渠道很难灌到自己的田里，把河流中的水引到自己的田边就近灌溉，逐渐形成溇浜，满足了灌溉的和梅汛台涝期间就近排水的需要。同时依河浜而居，满足就近淘米、洗菜等生活需求，也为水路运输出行提供了近距离肩挑手提把货物搬运到船上的需要。

工业时代的河浜之殇

人们生活、生产方式发生转变，传统农耕生产被现代农业生产方式取代以后，农耕时代一冬春数百万劳动力捻河泥积水草的景象一去不复返。“河泥肥田，田泥壅桑，入河垃圾淤泥的积肥”生态链从此断裂了，人们不再对溇浜进行常年清淤保护，反而成了天然的垃圾场，导致溇浜功能逐渐退化。

生态时代的宜居之浜

溇浜其历史功能将不复存在。为了物尽其用，变废为宝。对河浜进行生态修复改善生态环境，做到“水清、流畅、岸绿”，使人们生存、生活、生产的环境更好。

河浜景观形式

尽端式（假山头）

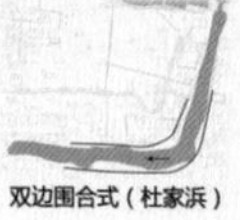

双边围合式（杜家浜）

单边式（坟头浜）

河浜景观节点

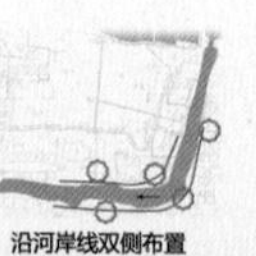

环绕河岸四周布置　沿河岸线双侧布置　沿河岸线单侧布置

规划总平图

规划分析图

道路规划分析

功能结构分析

公共空间分析

绿地景观分析

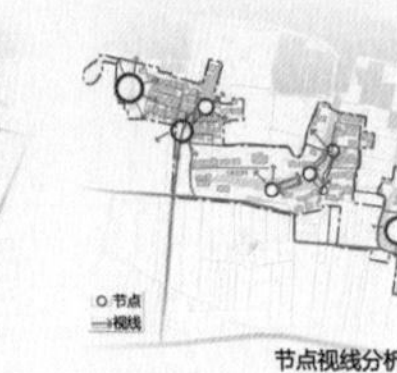

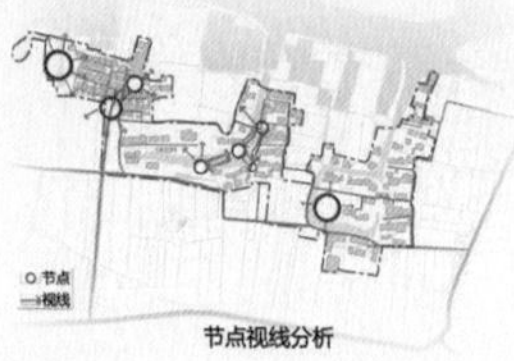

节点视线分析

建筑整治分析

植物配置

灌木：

小乔木：

大乔木：

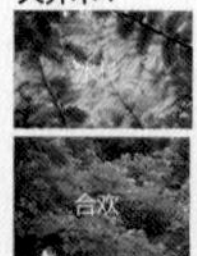

印象河浜

嘉善县麟溪村美丽乡村规划设计

浙江省第二届大学生“乡村规划与创意设计”大赛

3

驳岸设计

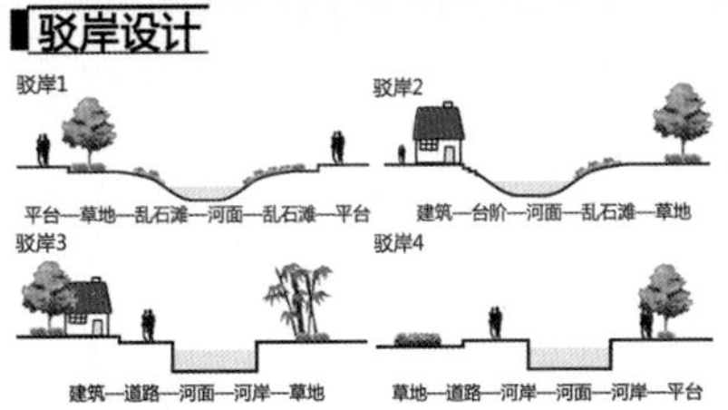

生态修复

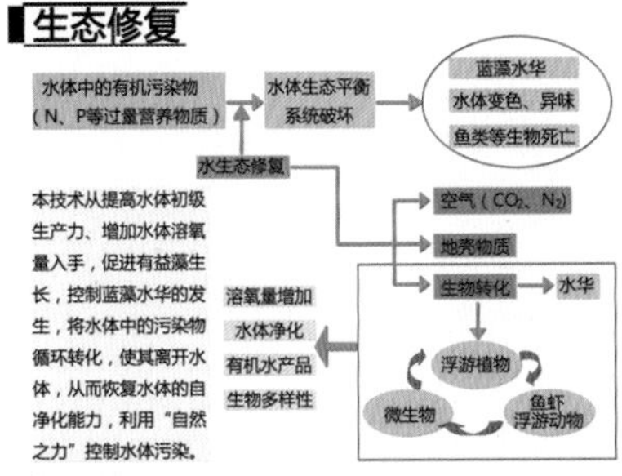

本技术从提高水体初级生产力、增加水体溶氧量入手，促进有益藻生长，控制蓝藻水华的发生，将水体中的污染物循环转化，使其离开水体，从而恢复水体的自净化能力，利用“自然之力”控制水体污染。

生态修复技术原理图

案例分析（北京稻香湖）

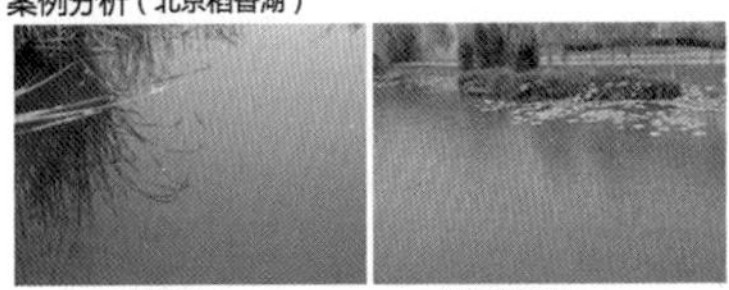

修复前　　修复后五十天

稻香湖水体水面面积4.5万平米，主要污染源为生活污水经污水站处理后的水、浇灌草坪面源污染等，使用生态修复剂前的水质检测结果为劣Ⅴ类；水色为黑褐色，透明度低，湖面漂浮着水沫和有机碎屑，并散发着臭味，施用生态修复剂后3天臭味完全消除，10天水开始变清，呈青绿色。60天的水质检验结果表明水质的主要指标达到Ⅳ类地表水标准。

立面整治

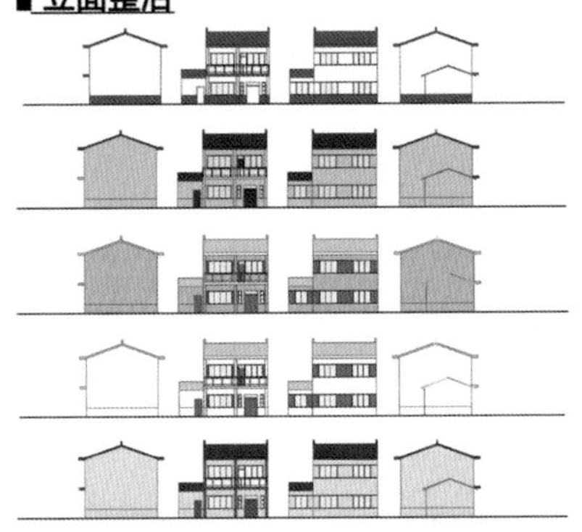

驳岸整治效果图

节点透视

设计说明

村民活动中心位于杜家浜和坟头浜中间，起到了村庄联系的作用。建筑运用屋顶绿化和水景，使其与周边环境相融。坡度和梯步的设计使其建筑富有趣味性，也丰富了村民的活动。该建筑采用内外爬坡的设计使村民可以行走到制高点，可以看到整个村的风貌，起到了瞭望台的作用。

村民活动中心效果图

印象河浜 嘉善县麟溪村美丽乡村规划设计

浙江省第二届大学生“乡村规划与创意设计”大赛

4

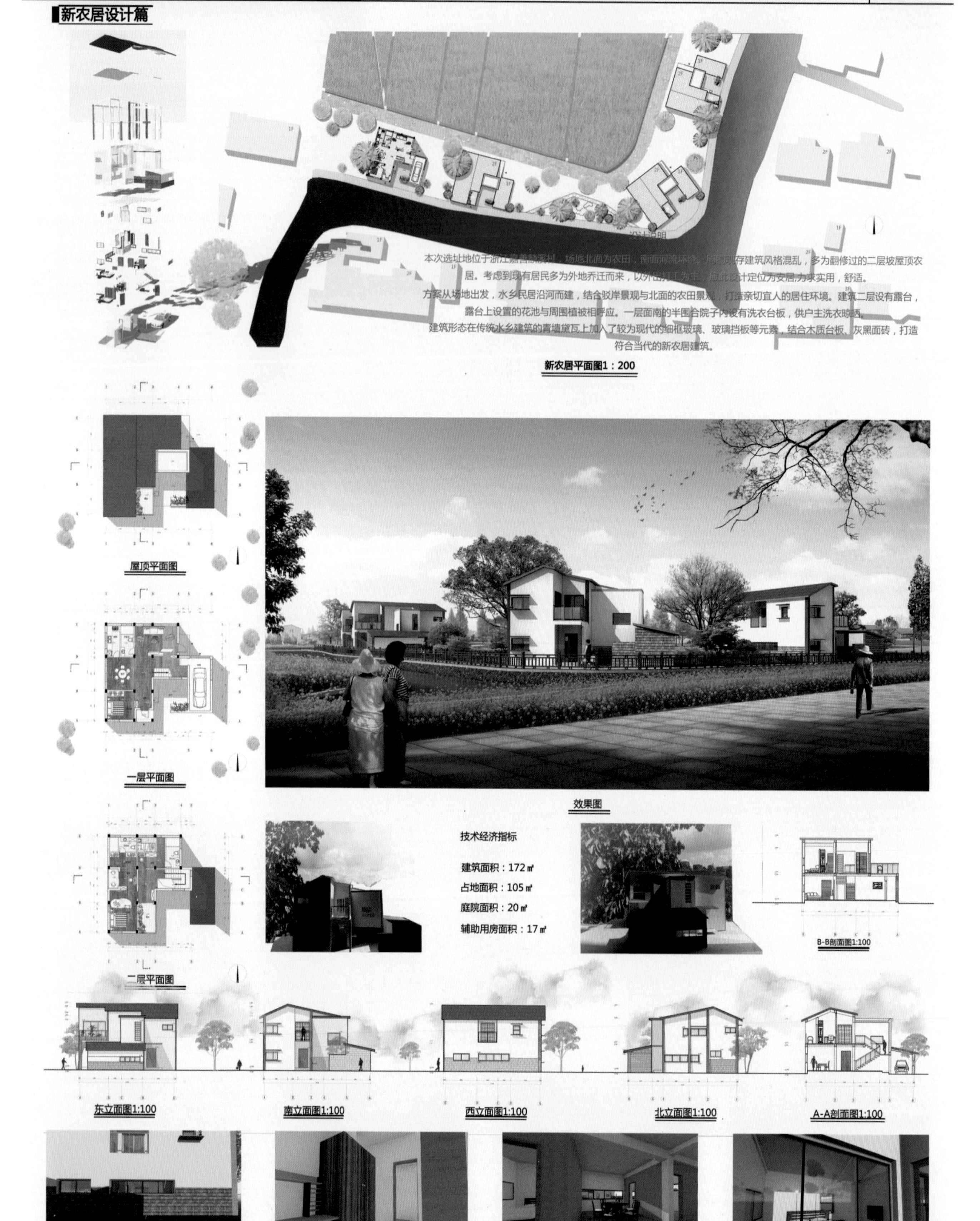

麟溪村新农居建筑模型 1:50

麟溪村新农居建筑模型 1:50

专家点评　规划专家团

专家1：规划理念和定位正确，符合形势。系统全面，有经验，提出构思有趣味（大鱼海棠）。

专家2：有思考和深入设计，但缺少针对性。

专家3：回归生态的规划设计较为完整深入。

专家4：分析很全面，规划空间分析、节点设计、建筑设计、户型设计、模型设计等简洁大方，但滨水空间利用不足。

专家5：节约整治情结深厚。

浙江工业大学（环艺）

善乡新织——干窑镇新星村规划设计

设计感言：

从现有条件来看，新星村并不是被选中改造村落里最具有鲜明特色的，但是它内敛、温情，被流水环绕，与窑火相应，被大地滋养，受古镇熏陶。优良的水陆地理位置，使它既能成为水陆二条游线的承接点，也能在此基础上，发挥、创造自己的优势。整个场地被划分为生产生活融合体验区、工业生产与文创体验区、农业生产与乡村生活体验区三大功能区块，希望形成三业一体的、独有的新星村产业集聚点、旅游目的地。

大多数参赛者都长期生活在信息发达的环境中，而对于乡村的升级改造最大的问题却反而是生活环境的差异而导致对乡村的陌生化。然而在一个高校设计竞赛中，能让参赛同学实际扎根到村村户户进行村情调查，这是一个好的设计的真正开始。我们从前期的调研分析，到中期的概念规划设计，再到后面的方案深化，每一步都显示着我们对这个场地的理解与畅想。如今的乡村建设不再是闭门造车，将内部打造得如何美丽。信息、资源是流动并且是可共享的，我们可以保护、完善好的建筑、景观，但更重要的是整合多方面的资源与优势将其发展为可以有创造力、生产力的“形态”，我们暂且将这种状态称之为一种“形态”，让得以改造的乡村以一种更加灵活更加可靠的形态继续发展、传承下去。

村庄区位

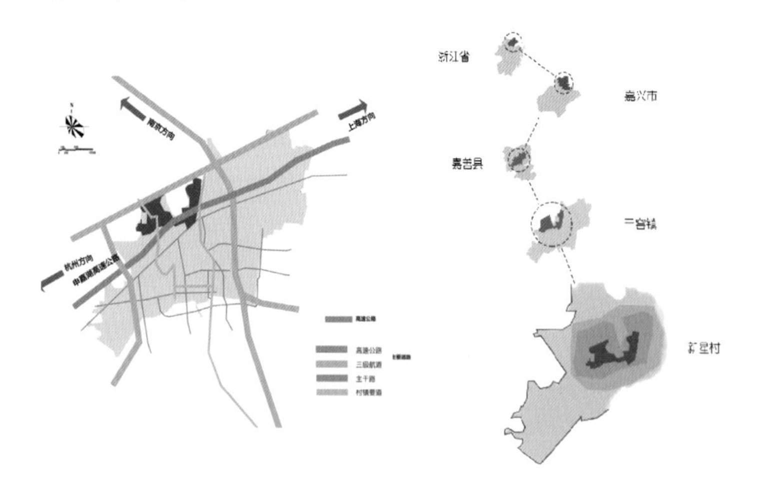

地理区位：嘉善县处于于中国长江三角洲东南侧、长三角城市群核心区域，是浙江省接轨上海第一站。位于浙江省东北部、江浙沪两省一市交汇处，东邻上海，南连平湖、嘉兴市南湖区，西接嘉兴市秀洲区，北靠苏州。

交通区位：新星村地处干窑镇的最北端，紧邻西塘镇。东沿善西公路，北临红旗塘，幸福河横穿新星村，申嘉湖高速公路穿境而过，整个新星村河流纵横、村内道路宽敞平坦，水路交通十分便捷。

村庄简介

新星村由 1 个行政村和 6 个自然村组成，行政村主要由村委办公楼、工业厂房、出租民居为主，附加一点商业功能，其他自然村主要是本地居民居住，主要是老年人与小孩，青壮年在家务工的少。产业以农业为主，主要种植水稻小麦，果园、鱼塘等为辅，工业主要有木业、轴承、电子等产业。北面是西塘信息产业园，东南大片是老镇工业区块，东西南三面分别环绕着范径草莓园与青宙青鱼、河蟹养殖基地。主要的旅游资源位于干窑镇最北部的新星村北面紧邻西塘古镇（水陆交通分别可 5 公里左右到达）和汾湖旅游区，南有魏塘街道的梅花庵和大云温泉生态休闲度假区，东面是顶棚湿地。干窑窑业历史悠久，明万历《嘉善县志》载：“砖瓦出张泾汇者曰东窑，出干家窑者曰北窑”。清代晚期砖瓦产量与日俱增，干窑镇在民国初期窑业日趋繁荣发达，生产的砖瓦品种繁多，成为“千窑之镇”。

村庄照片

村内河道照片

村内建筑照片

村内景观照片

村内全景照片

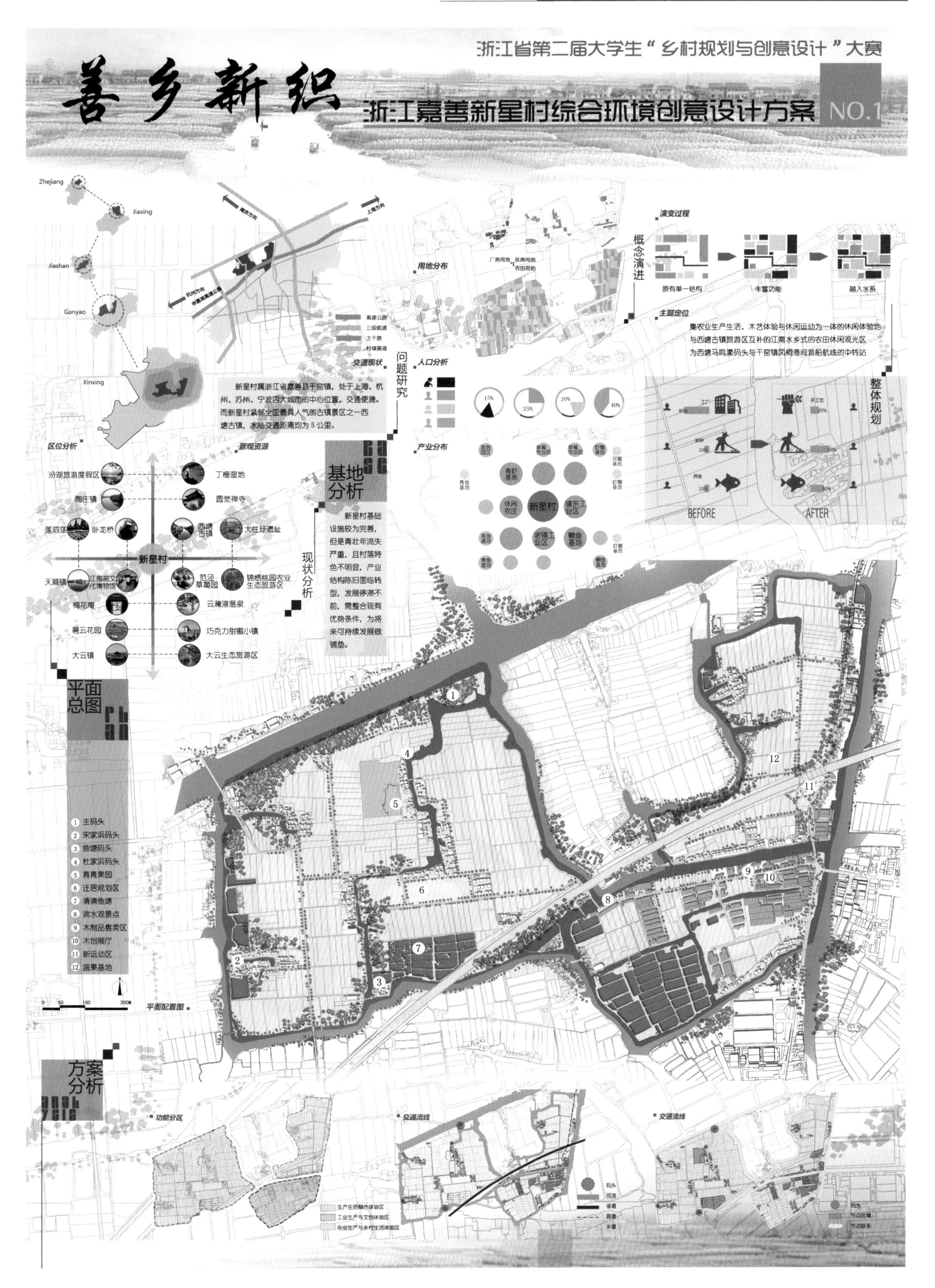
浙江省第二届大学生“乡村规划与创意设计”大赛
善乡新织
浙江嘉善新星村综合环境创意设计方案
NO.1
Zhejiang
Jiaxing
Jiashan
Ganyao
Xinxing
区位分析
交通现状
用地分布
概念演进
演变过程
原有单一结构
丰富功能
融入水系
主题定位
集农业生产生活、木艺体验与休闲运动为一体的休闲体验地
与西塘古镇旅游区互补的江南水乡式的农田休闲观光区
为西塘马鸣漾码头与干窑镇凤桐港间游船航线的中转站
问题研究
人口分析
产业分布
新星村属浙江省嘉善县干窑镇，处于上海、杭州、苏州、宁波四大城市的中心位置，交通便捷。而新星村紧邻全国最具人气的古镇景区之一西塘古镇，水陆交通距离均为5公里。
景观资源
汾湖旅游度假区
丁栅湿地
陶庄镇
圆觉禅寺
莲泗荡
卧龙桥
西塘古镇
大往圩遗址
新星村
天凝镇
江南窑文化博物馆
梵泾草莓园
锦绣桃园农业生态旅游区
梅花庵
云澜湾温泉
碧云花园
巧克力甜蜜小镇
大云镇
大云生态旅游区
基地分析
现状分析
新星村基础设施较为完善，但是青壮年流失严重，且村落特色不明显，产业结构陈旧面临转型，发展停滞不前，需整合现有优势条件，为将来可持续发展做铺垫。
整体规划
BEFORE
AFTER
平面总图
1 主码头
2 宋家浜码头
3 鱼塘码头
4 杜家浜码头
5 青青果园
6 迁居规划区
7 清清鱼塘
8 滨水观景点
9 木制品售卖区
10 木创展厅
11 新运动区
12 蔬果基地
平面配置图
方案分析
功能分区
交通流线
生产生活融合体验区
工业生产与文创体验区
农业生产与乡村生活体验区
码头
河流
省道
县道
乡道

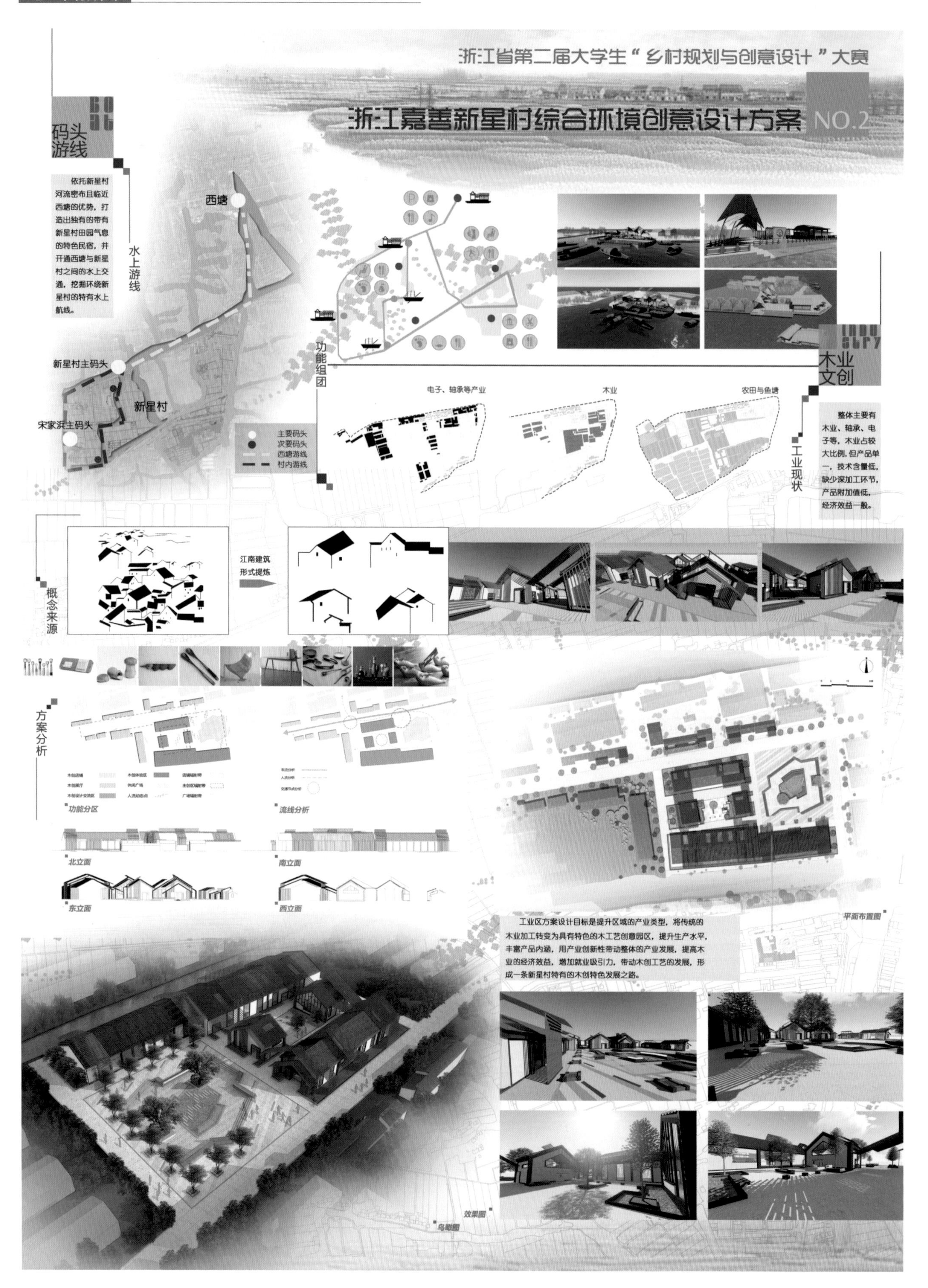
浙江省第二届大学生“乡村规划与创意设计”大赛
浙江嘉善新星村综合环境创意设计方案 NO.2
码头游线
依托新星村河流密布且临近西塘的优势，打造出独有的带有新星村田园气息的特色民宿，并开通西塘与新星村之间的水上交通，挖掘环绕新星村的特有水上航线。
水上游线
西塘
新星村主码头
新星村
宋家浜主码头
主要码头
次要码头
西塘游线
村内游线
功能组团
木业文创
电子、轴承等产业
木业
农田与鱼塘
整体主要有木业、轴承、电子等，木业占较大比例，但产品单一，技术含量低，缺少深加工环节，产品附加值低，经济效益一般。
工业现状
概念来源
江南建筑形式提炼
方案分析
功能分区
流线分析
北立面
南立面
东立面
西立面
工业区方案设计目标是提升区域的产业类型，将传统的木业加工转变为具有特色的木工艺创意园区，提升生产水平，丰富产品内涵，用产业创新性带动整体的产业发展，提高木业的经济效益，增加就业吸引力，带动木创工艺的发展，形成一条新星村特有的木创特色发展之路。
平面布置图
效果图
鸟瞰图

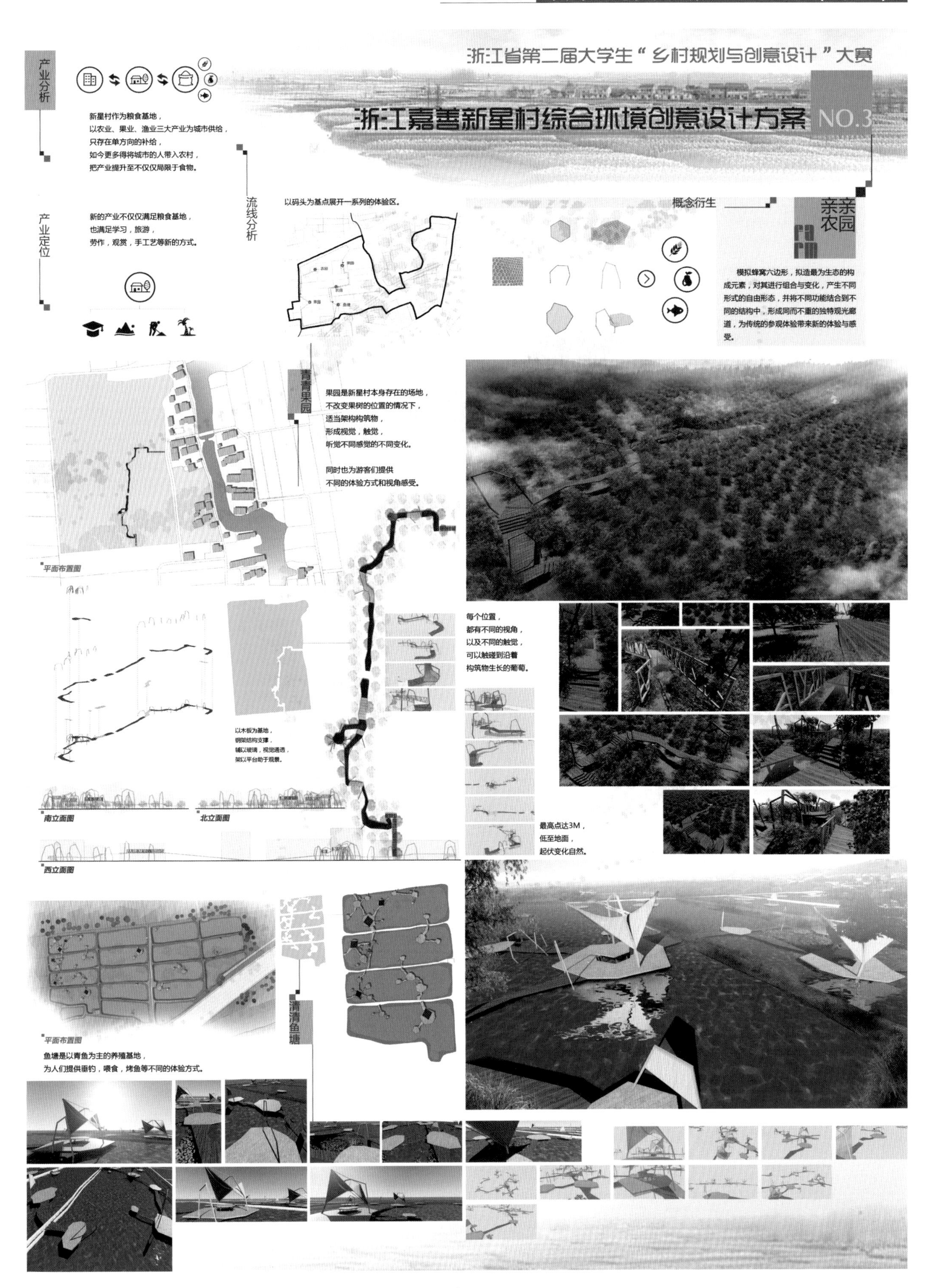

浙江省第二届大学生“乡村规划与创意设计”大赛
浙江嘉善新星村综合环境创意设计方案 NO.3
产业分析
新星村作为粮食基地，
以农业、果业、渔业三大产业为城市供给，
只存在单方向的补给，
如今更多得将城市的人带入农村，
把产业提升至不仅仅局限于食物。
产业定位
新的产业不仅仅满足粮食基地，
也满足学习，旅游，
劳作，观赏，手工艺等新的方式。
流线分析
以码头为基点展开一系列的体验区。
概念衍生
亲亲农园
farm
模拟蜂窝六边形，拟造最为生态的构成元素，对其进行组合与变化，产生不同形式的自由形态，并将不同功能结合到不同的结构中，形成同而不重的独特观光廊道，为传统的参观体验带来新的体验与感受。
青青果园
果园是新星村本身存在的场地，
不改变果树的位置的情况下，
适当架构构筑物，
形成视觉，触觉，
听觉不同感觉的不同变化。
同时也为游客们提供
不同的体验方式和视角感受。
平面布置图
以木板为基地，
钢架结构支撑，
辅以玻璃，视觉通透，
架以平台助于观景。
每个位置，
都有不同的视角，
以及不同的触觉，
可以触碰到沿着
构筑物生长的葡萄。
最高点达3M，
低至地面，
起伏变化自然。
南立面图
北立面图
西立面图
清清鱼塘
平面布置图
鱼塘是以青鱼为主的养殖基地，
为人们提供垂钓，喂食，烤鱼等不同的体验方式。

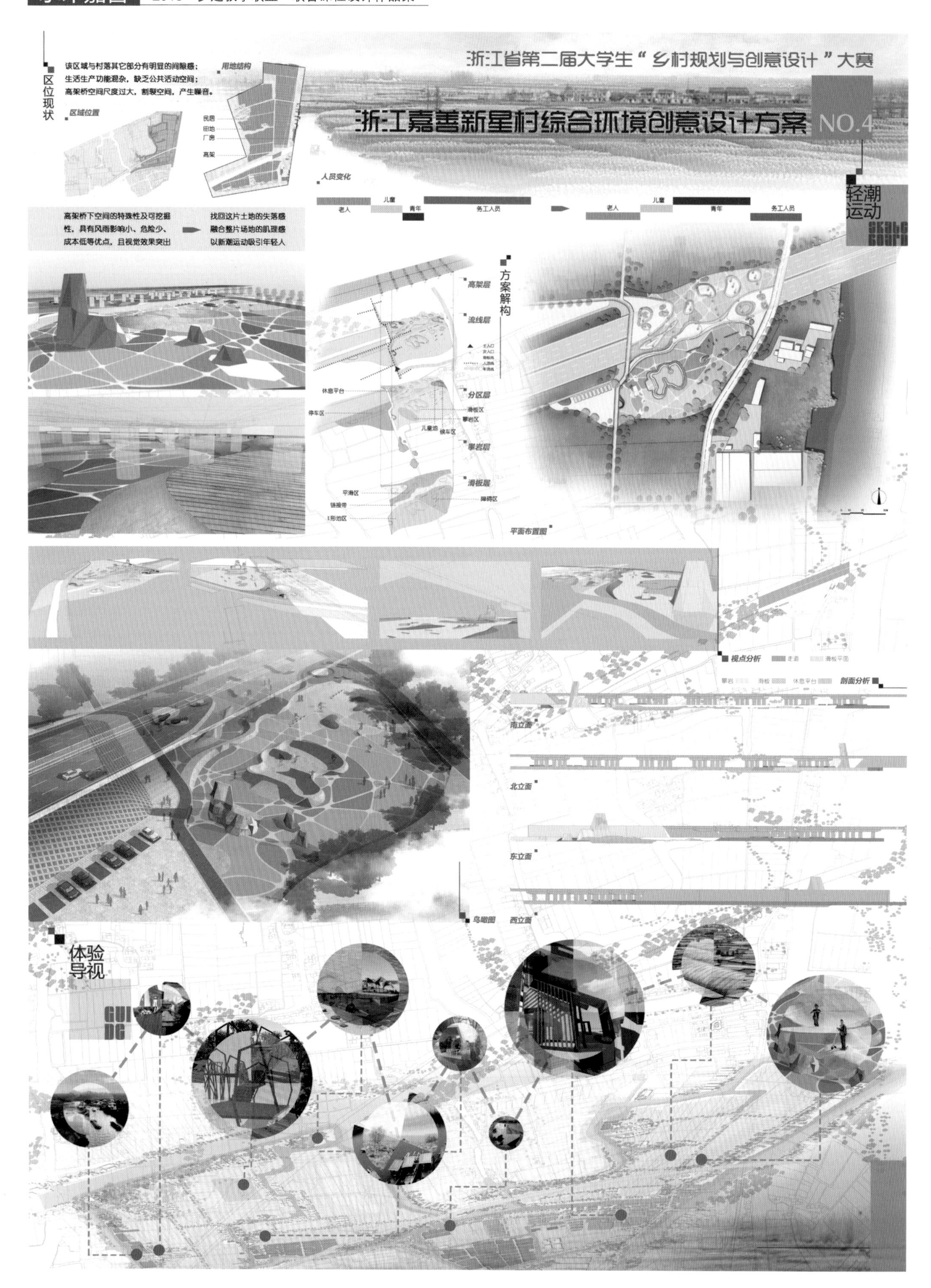
浙江省第二届大学生“乡村规划与创意设计”大赛
浙江嘉善新星村综合环境创意设计方案 NO.4
区位现状
该区域与村落其它部分有明显的间隙感；
生活生产功能混杂，缺乏公共活动空间；
高架桥空间尺度过大，割裂空间，产生噪音。
区域位置
用地结构
民居
田地
厂房
高架
人员变化
老人
儿童
青年
务工人员
高架桥下空间的特殊性及可挖掘性，具有风雨影响小、危险少、成本低等优点，且视觉效果突出
找回这片土地的失落感
融合整片场地的肌理感
以新潮运动吸引年轻人
轻潮运动
方案解构
高架层
流线层
分区层
攀岩层
滑板层
休息平台
停车区
滑板区
攀岩区
儿童场
横车区
平滑区
链接带
U形池区
障碍区
平面布置图
视点分析
剖面分析
南立面
北立面
东立面
西立面
鸟瞰图
体验导视

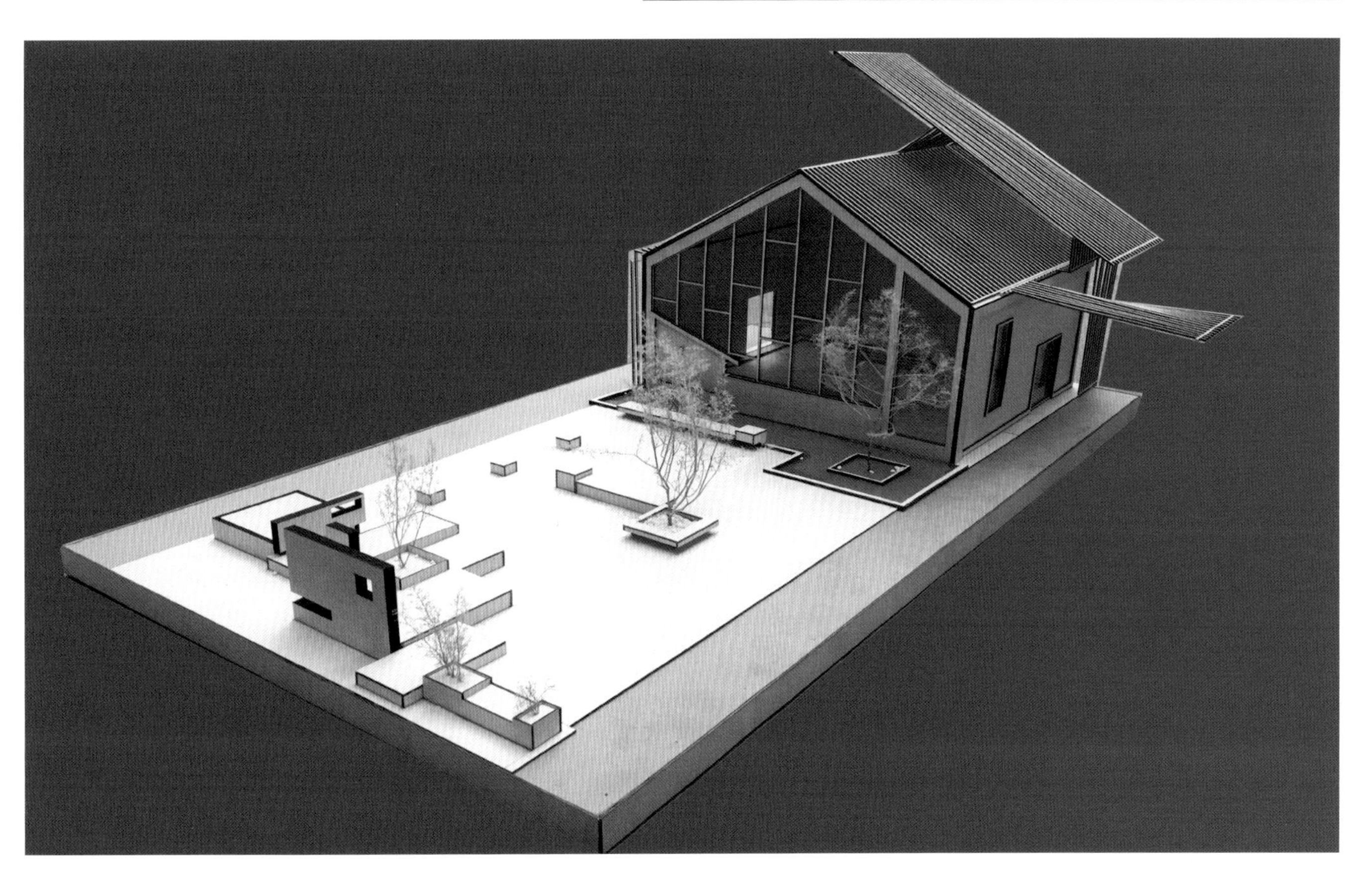

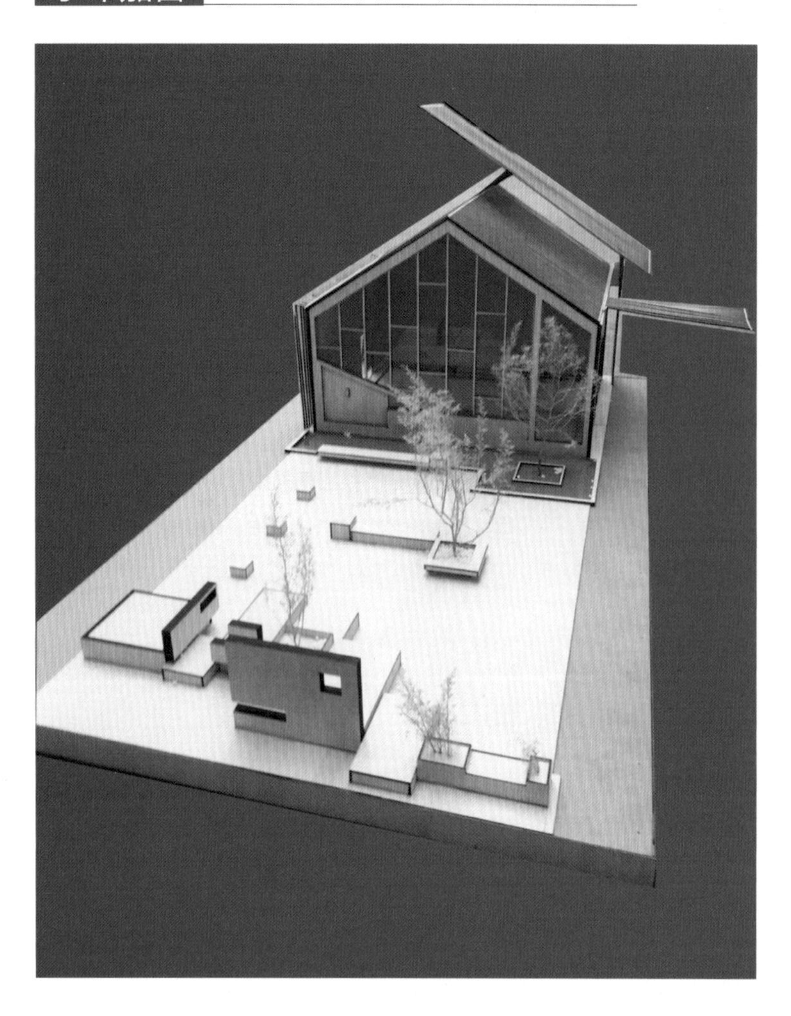

专家点评　规划专家团

专家1：通过村域层面的基础分析，以乡村旅游为主题来设计、做得不错，但需加强村庄基础设施、公共配套和节点打造的规划设计。

专家2：作品兼具创意、独特性、可行性、落地性，非常成熟，难能可贵。

专家3：提出了环境综合创意设计方案，总体较为完整，单体民宅模型在若干细节上有可以修改之处。

专家4：重点围绕乡村旅游开展村域层面的分析，内容比较深入，但应加强村庄基础公共配套和节点打造。

专家5：选题以乡村工业用地改造为主，偏题。对村民生活需求，生产方式提升未做深入分析，没有农户设计。

专家6：立意有点偏。

浙江科技学院（城乡规划）

大圩小界——天凝镇凝北村规划设计

设计感言：

几个月来，从现场调查到分析设计、模型制作，更加深入地了解了什么是规划，怎么样做规划。在过程中也发现自身有很多不足，但是我们仍然努力克服自身不足，相比参赛之前，对自身的了解又进了一步。在整个规划过程中，小组成员之间互帮互助，让我们深刻地认识到了团队的力量。在开始乡村规划之旅之前，我们都没接触过类似的真实项目，一开始都无从下手，通过队员之间的努力与指导老师和设计院方的帮助下，最终完成了本轮规划。衷心感谢主办方能举办这次活动，让我们能有机会参与并能够在学习摸索中进步，同时还要感谢两位指导老师的耐心指导，雅克设计公司的倾心帮助。希望我们能在未来的规划道路上，越来越成熟，但也不会忘记本次竞赛之核心——创意。

村庄区位

天凝镇位于嘉善县西北部，距离上海、苏州均不足百公里，与杭州、宁波以及嘉兴中心城区、嘉善城区也有便捷的交通联系。境内水陆交通发达，网络体系完善。凝北村位于天凝镇西北方向，靠近南汇镇，尚在湘家荡景区辐射范围内，距南汇镇中心约 4.2km，距天凝镇中心约 7.4km。

村庄简介

天凝镇凝北村地处浙江省嘉兴市嘉善县天凝镇北部，具有人多田少、河港纵横的水乡特征，2000 年由余号、施家湾、西路浜三村合并而成，村域面积 3.10 平方公里，辖 3 个自然村，总户数为 651 户，总人口 2379 人，拥有耕地面积 2881 亩。

凝北村是浙北地区典型的圩村结构，凝北村地势低洼，但因设有水闸，常年保持在稳定水位，并未产生“绕堤而居”的形态。建筑布局随着交通方式的转变自然生长。以圩为特征的水系空间，构成村落发展脉络。天凝村落正位于其西北侧，此处水网密集，其独特的地理位置也决定了村落形成圩为特征的水系空间，构成村落发展脉络。以圩为特征的农田空间，构成村落空间本底。

村庄照片

村内河道照片

村内建筑照片

村内景观照片

村内全景照片

壹

浙江省第二届大学生"乡村规划与创意设计"大赛

大圩小界

【场地理解】

■区位分析

凝北村在嘉善区位 周边镇区区位 县域交通区位 嘉兴交通区位

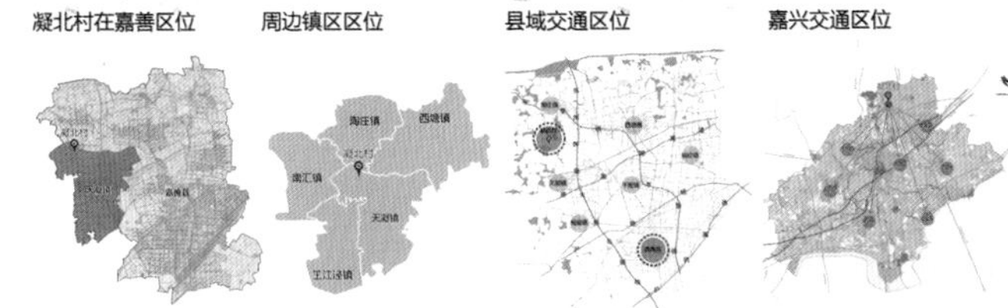

凝北村位于天凝镇西北方向，水网流畅，交通性干道穿村而过，靠近南汇镇，尚在湘家荡景区辐射范围内，距南汇镇中心约 4.2km，距天凝镇中心约 7.4km。

■政策背景

宏观背景——新型城镇化

目前新型城镇化已成为新时期的国家战略，新农村建设是其中非常重要的一个工作环节。

中观背景——浙江省乡村建设

浙江省乡村建设通过了十多年的努力，走出了一条从村庄整治、美丽乡村、美丽浙江再到美好生活的道路。

微观背景——嘉善县村民生活和生产方式的变更

随着城市化的不断加速，嘉善县村民的生产方式由第一产业向二、三产业转移，乡村旧有的生活方式发生巨大变化，乡村人口流失已成为普遍的现象，很多村庄亟需更新以恢复其活力。

■项目概况

本次规划总用地面积 15.25 公顷，人均建设用地为 252 平方米/人。其中居民住宅用地 8.56 公顷，管理性，公益型设施用地 0.6 公顷，农田用地面积 4.51 公顷，河流 1.58 公顷。

■基本民情

村民人均收入

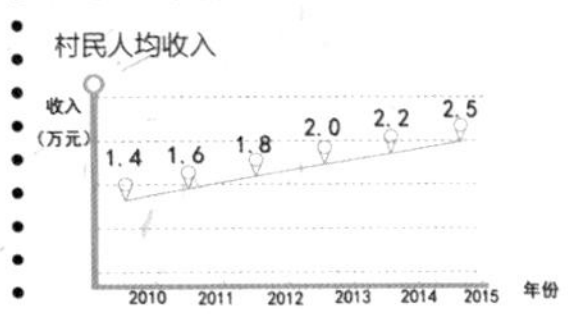

村可支配资金

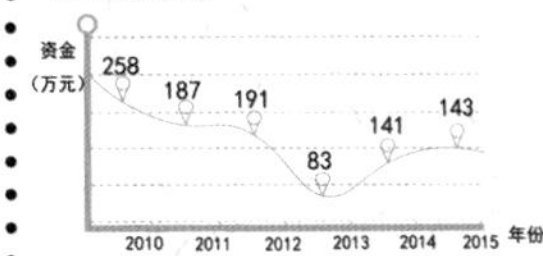

人口结构

人口

凝北村现有 106 户，363 人。村中以老年人、孩童及外来务工者为主，青年人外迁或外出工作者较多。老龄化现象明显。

资金

2013 年浙江省全面开展美丽乡村建设，体现政府对村庄建设的重视程度。

村民人口总数

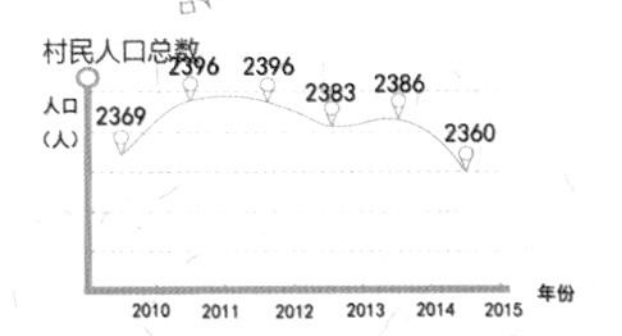

■现状格局

建筑现状图 交通现状图 农田现状图 水系现状图 现状总平图

建筑质量图 沿河绿化图 船只布点图 菜园分布图

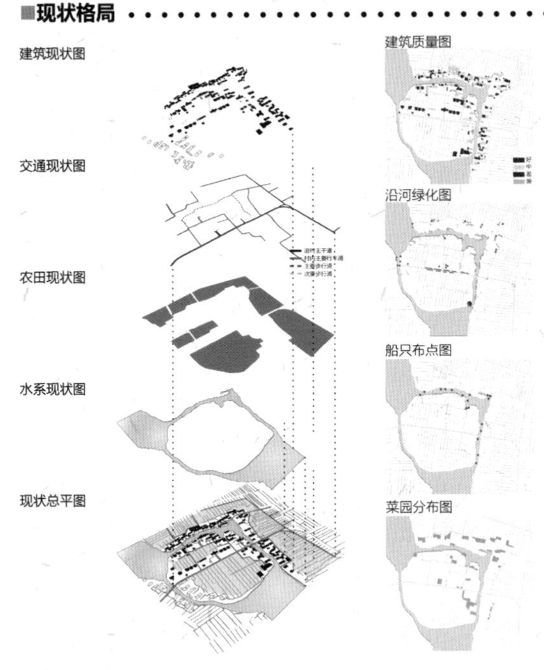

建筑年代

—1949

1949 年以前建的保留着传统浙北民居风貌的老房子所剩不到 4%，并且大部分处于破败和空置的状态，或是在旁边又建了新居，老房子充当着农具、稻草堆存和鸡舍的用房。

1950—1978

村庄建筑有 5.45% 的房子于 1949 年-1978 年建成，保留了黛瓦的坡屋顶和简单朴素的白墙，建筑层数多为两层，建筑质量多为中等或较差的水平。

1979—1999

1978 年后，村落建筑风貌开始转变，风格为中西混搭，保留了灰瓦的元素，石制外墙向贴砖外墙转变。随着交通方式的改变，道路北侧开始建立新居，新建筑由砖砌围墙分割院落，打破传统组团空间，打破邻里关系。

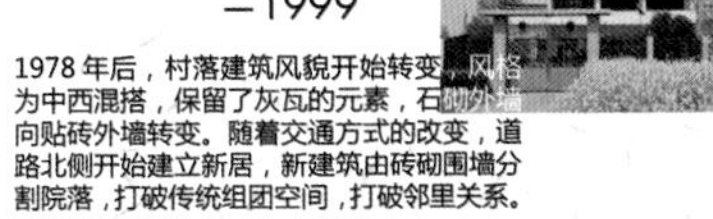

2000—2016

2000 年后的建筑风貌发生较大变化，延续了中西混搭的风格，形式多样，屋顶的颜色边为较为艳丽的砖红色。

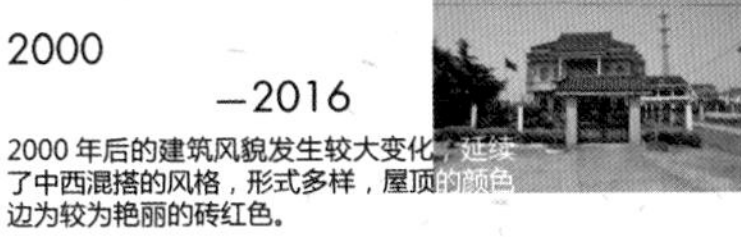

从建筑建造次序的空间分布规律可以看出，村落的布局呈现出由水运交通时期沿河而建逐渐过渡到陆运交通时期的沿路拓展的趋势。

■地域特色分析

自然

圩村元素，布局沿附自然水脉生长。
圩的演变，围绕水系展开形成圩村。
顺应发展，新老建筑在发展中更替。

建筑

院落组成，顺应传统生活要求形成。
布局形式，交通改变建筑布局改变。
粉墙黛瓦，浙北水乡建筑古典意象。

文化

历史悠久，浙北民居文化源远流长。
农耕文化，新旧兼容沉淀自成风格。
宗庙思想，祠堂位于原始村落中心。

■现状总结

村庄成形阶段，也是水运交通时代，船只是主要的交通工具，故这种背景下形成傍水而居的乡村风貌，确定了凝北村最初的村庄形态。

村庄发展阶段，船只逐渐被机动车所替代，主要交通由水路转变成陆路。就有村庄功能形态越来越不能满足机动车的发展，在 20 世纪初期所新建的农居房多沿路而建。

村庄成熟阶段，该阶段更加强调道路的通达性，形成以道路为依托的圩空间，将新区的圩空间进行强化，从"一层皮"到"组团形"自由式地布局，延续成形时期的布局方式，形成尺度宜人居住空间。其次，由于河道的交通功能几乎被取代，旧有的圩空间已不适应当下村庄的发展，故而对其空间发生了较大变化。

STRENGTH
1. 镇区位于嘉善县西北部，
2. 水资源丰富，自然环境较好。

WEAKNESS
1. 基础设施不完善，居住环境不佳，生活质量低。
2. 河岸空间混乱，岸边构、建筑物妨碍道路畅通。

OPPORTUNITY
1. 作为典型的圩区，凝北村可以发展农耕和水利的优势。
2. 宏观区位条件潜力大，与省内城镇联系紧密。

TREATS
1. 村庄缺乏活力。
2. 村庄老年人较多，不利于村庄发展。

■意愿调查

村民日常工作

白天留在村里的多是年迈的老年人，年轻人都外出或工作、或上学。白天的凝北村缺乏村庄应有的活力。

直至傍晚时分，年轻人从村外赶回来，却因为缺乏公共活动区域，大部分都在饭后的时间去隔壁村落活动，村内急需公共活动中心和活动设施。

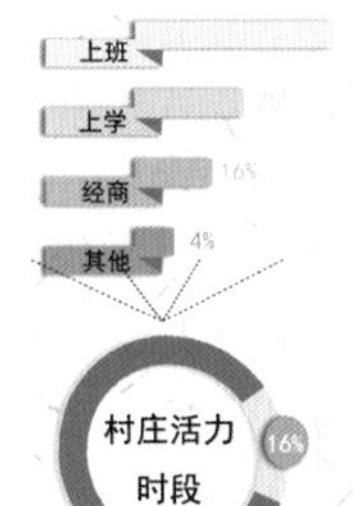

村民意向

• 通过问卷调查的方式，了解村民对村庄环境问题、公共设施问题以及建筑房屋问题进行了改造意向调查，并深入村民内部了解村庄主要问题所在。共发放问卷 96 份，有效问卷占 60%。

村容整治意向

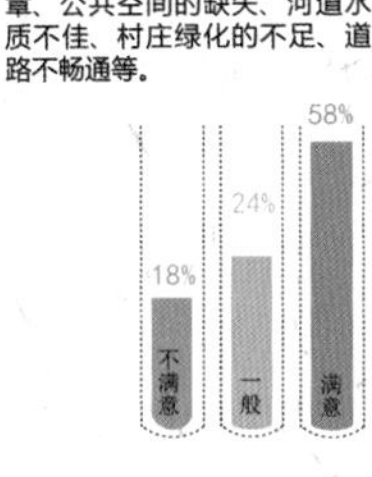

村民对现有居住环境满意度较低，村庄环境存在大量问题。主要问题有河岸空间的杂乱无章、公共空间的缺失、河道水质不佳、村庄绿化的不足、道路不畅通等。

■现状照片

农田 水域 建筑 岸阶

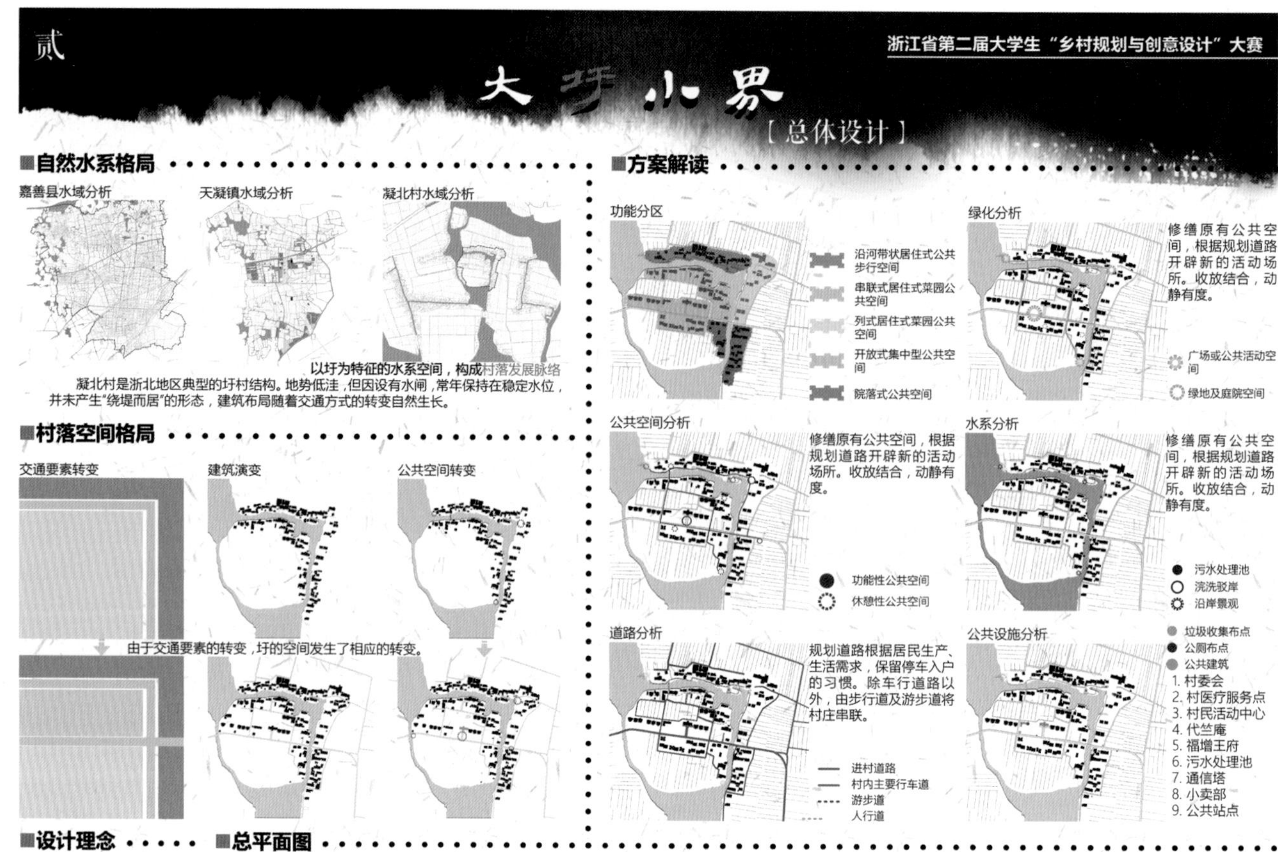

设计理念

尊重民意、全村参与
改变传统的城市规划方法，采用访谈、问卷的方法，进村入户深入调查，针对问题开展规划编制，并再次回村汇报，充分体现与农民的互动和问题导向，使规划更加科学合理，体现公共政策属性。

还原意象、留住乡愁
规划恢复乡村意象，改造乡村记忆空间，采用乡村旧有元素进行规划设计，加强村民地域观念。同时又提炼出村落特色元素，用于新区地增量规划，形成新老共存的局面，体现乡村的动态发展。

织补乡村、有机更新
尊重既有村庄格局，尊重村庄与自然环境及农业生产之间的依存关系，不大拆大建，重点改善村庄人居环境和生产条件，对旧区有机更新。

继承发扬、创新提升
全面认识“圩”的形成、演变及发展，既要传承“圩”的空间形态，又要满足新的出行方式对村庄更新提出的要求，提升新时期“圩”空间形态，探索嘉善县及环太湖流域圩村发展新模式。

规划目标
提倡村庄个性化，因地制宜。依托水乡格局，挖掘村庄元素，顺应村庄发展方向，引导村庄发挥自我更新能力，形成老有所终、壮有所用、少有所长的空间单元，使村庄重新散发活力。

总平面图

主要技术指标一览表

项目	计量单位	数值
规划用地总面积	ha	15.25
建设用地总面积	万 m2	8.56
人均建设用地面积	m2/ 人	252.3
居住户数	户	106
居住人数	人	363
总建筑面积	万 m2	3.17
建筑占地面积	万 m2	1.86
住宅总建筑面积	万 m2	3.01
公共总建筑面积	万 m2	0.16
绿地率	%	52.7

规划定位
凝北村为环太湖流域典型的圩村类型。保护村庄原有形态，在新的交通方式影响下有机更新，形成行政村中心，辐射并影响周边村域，并作为圩空间整治的示范村庄。

规划路线

①完善居住功能，整治居住环境，提高生活品质。
凝北村居住着大量人口，居住是村民日常生活中根本活动，因此需要整治内部居住环境，重点配套村民日常生活中需要社区卫生、老年活动室等设施，提高村民生活质量，打造宜居美丽乡村。

②以田园风光为底，以文化为魂，唤起乡村乡愁记忆重塑乡村活力。
一方面依托水乡优势，发展有机农业，培育稻鸭、水稻等农业品牌；另一方面挖掘凝北村独特的圩文化和浙北民居文化，打造充满乡愁记忆的魅力乡村。

③水乡为魂，利用自然景观修整公共空间，丰富乡村景观特色。
水的灵动和活力软化乡村景观，串联整个乡村的公共空间景观，焕然一体，打破原始单调的乡村原貌。

④肌理整理，邻里和谐，重塑浙北民居院落风貌。
整治乡村建筑肌理，将破旧建筑建筑进行整顿，各个建筑相互呼应形成组团，延续浙北传统民居院落式的组团建筑肌理，以促进村民日常交流，增进邻里关系。

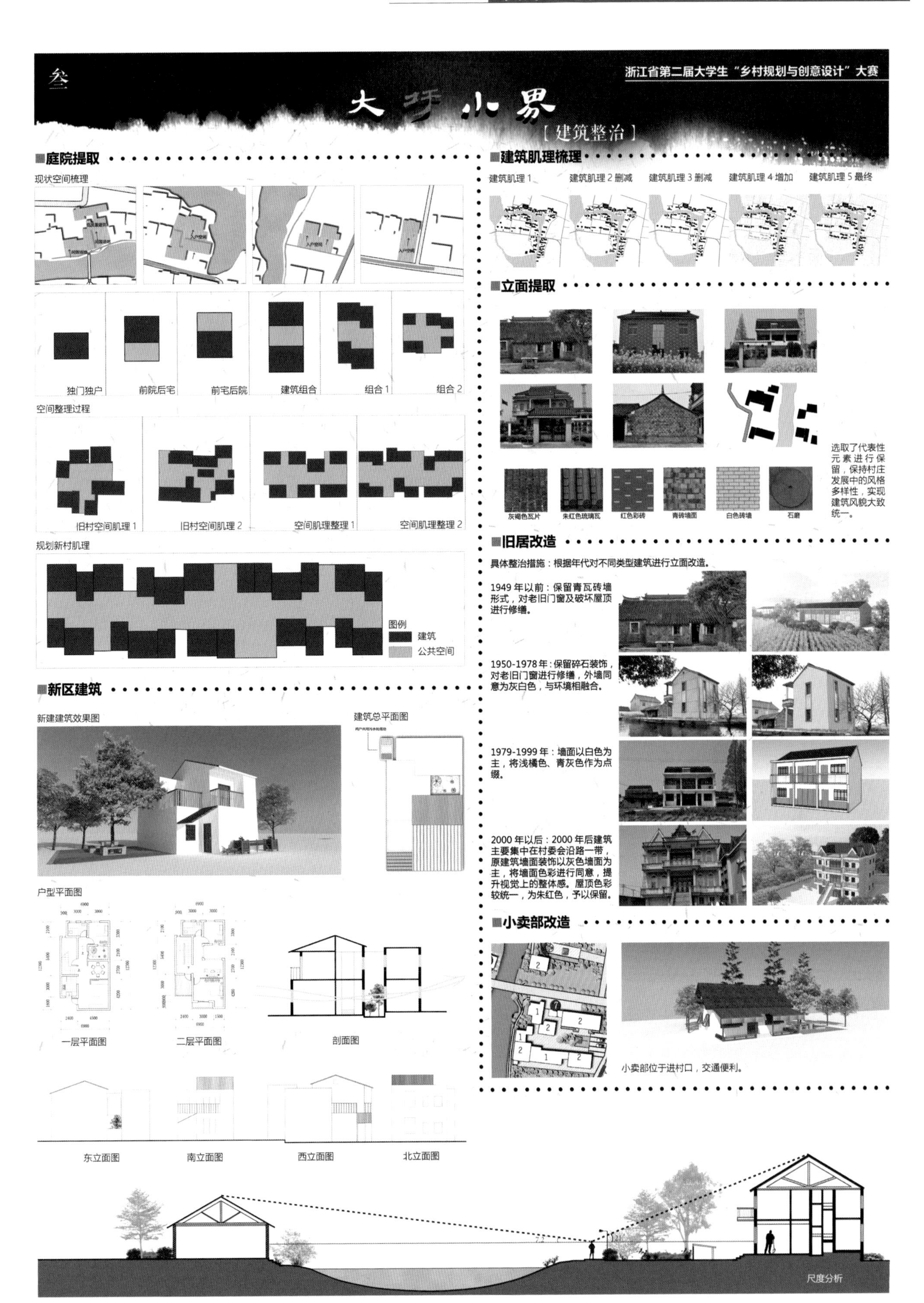
叁
浙江省第二届大学生"乡村规划与创意设计"大赛
大圩小界
【建筑整治】
■庭院提取
现状空间梳理
独门独户
前院后宅
前宅后院
建筑组合
组合 1
组合 2
空间整理过程
旧村空间肌理 1
旧村空间肌理 2
空间肌理整理 1
空间肌理整理 2
规划新村肌理
图例
建筑
公共空间
■新区建筑
新建建筑效果图
建筑总平面图
户型平面图
一层平面图
二层平面图
剖面图
东立面图
南立面图
西立面图
北立面图
■建筑肌理梳理
建筑肌理 1
建筑肌理 2 删减
建筑肌理 3 删减
建筑肌理 4 增加
建筑肌理 5 最终
■立面提取
选取了代表性元素进行保留，保持村庄发展中的风格多样性，实现建筑风貌大致统一。
灰褐色瓦片
朱红色琉璃瓦
红色彩砖
青砖墙面
白色砖墙
石磨
■旧居改造
具体整治措施：根据年代对不同类型建筑进行立面改造。
1949 年以前：保留青瓦砖墙形式，对老旧门窗及破坏屋顶进行修缮。
1950-1978 年：保留碎石装饰，对老旧门窗进行修缮，外墙同意为灰白色，与环境相融合。
1979-1999 年：墙面以白色为主，将浅橘色、青灰色作为点缀。
2000 年以后：2000 年后建筑主要集中在村委会沿路一带，原建筑墙面装饰以灰色墙面为主，将墙面色彩进行同意，提升视觉上的整体感。屋顶色彩较统一，为朱红色，予以保留。
■小卖部改造
小卖部位于进村口，交通便利。
尺度分析

肆
大圩小界
浙江省第二届大学生“乡村规划与创意设计”大赛
【愿景展现】
公共活动中心
在村政府旁边废弃小学空地改建成老人活动中心，建立一栋老人活动中心建筑，提供棋牌室、茶室等活动室。中心前广场以磨砂防滑石砖铺就，供村民广场舞或乡村文化集会使用，活动中心内还建有篮球场。
宗庙广场
代笠庵
廊架
滨水廊道
花岗岩
花坛
青石铺装
福嗣王府
邀云揽月台
古树公园
庭院空间
独立院落
组合院落
滨河院落
公共设施
旧船改造
将保存较为完好的旧船进行翻修整理，配置木制桌凳等景观小品，形成滨水景观一个特色休憩平台。
垃圾桶
沿河游步道和主要道路旁安设特色垃圾桶，装点乡村景观，节制和改善村民乱丢垃圾。
照明灯
设置道路照明灯和景观装饰灯为夜晚的乡村增添魅力。
鸟瞰图

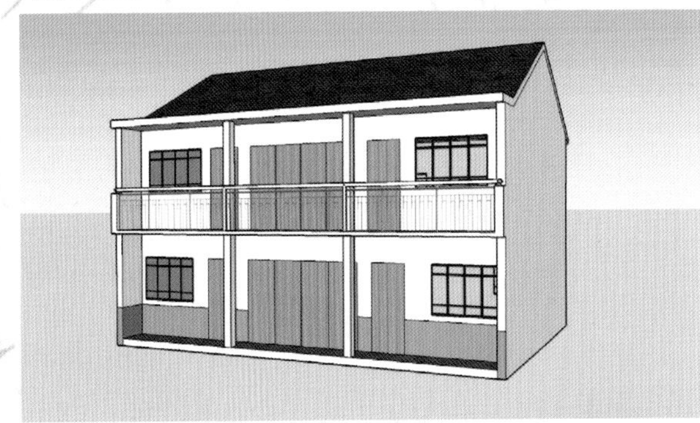

新建建筑效果图

建筑总平面图

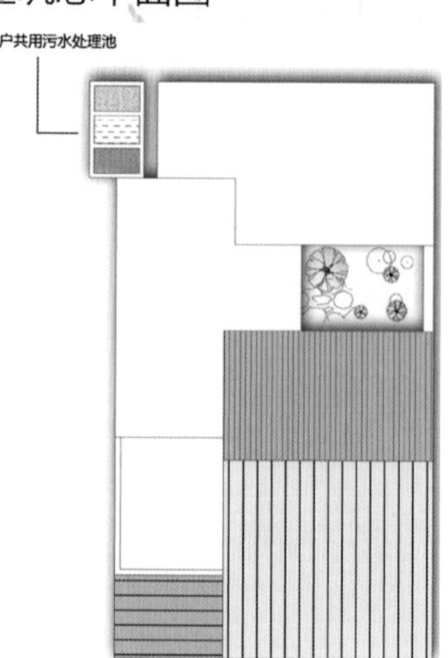

专家点评 规划专家团

专家1：调查分析翔实，把握准确，突出问题导向。公共空间、村庄环境、设计理念正确。风貌把握正确，系统完整的规划成果。

专家2：分析与思考方法完整，但缺少独立性和创意思考。

专家3：现状研究较为扎实，考虑了规划设计的各项内容，较为均衡。

专家4：调查分析翔实，把握准确，突出问题导向。公共空间、村庄环境、设计理念正确。风貌把握正确，系统完整的规划成果。

专家5：设计理念好：尊重民意（但没有看见调研），还有意象（原有意象是什么）、庭院空间、建筑肌理分析深入，但缺少公共空间的分析，农房设计没有模型。

专家6：仅仅农户设计，建筑与水乡脱节。

宁波大学（城乡规划）

源·野——大云镇大云村规划设计

村庄区位

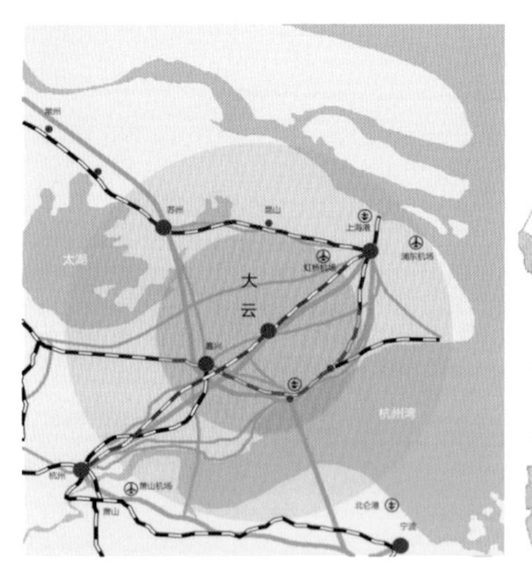

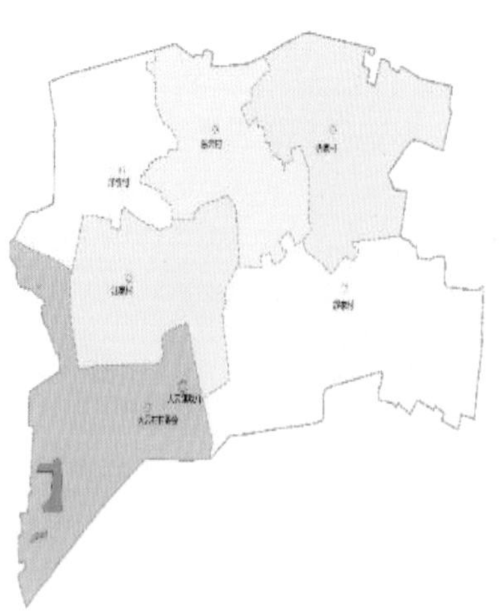

大云镇位于嘉善县南端，嘉善、嘉兴、平湖边界的交界处，背靠嘉善县城、北片成为嘉善未来的新城区。离嘉兴市区 20 公里，西北与嘉善魏塘镇相接，东与嘉善惠民街道接壤，南与平湖钟埭街道、嘉兴南湖区步云镇为邻。

大云镇东距上海虹桥国际机场 68 公里，西至杭州 95 公里，40 分钟车程即可到达宁波的慈溪，是杭州湾跨海大桥北岸的交通枢纽镇。

村庄简介

大云村位于嘉善县大云镇西侧，南临嘉兴市南湖区，康庄公路、双云公路交叉穿村而过。距嘉善南站直线距离2公里，交通便利，已形成大云至上海、杭州、苏州、宁波等城市“一小时经济圈”。

目前全村区域面积 5.3 平方公里，现有耕地面积 4614 亩，人均耕地 1.5 亩。共有 6 个村民小组，15 个自然村，农户 458 户，户籍人口 1425 人，外来人口 3000 多人，其中基地内部农户 106 户。

近年来，大云村根据自身发展的需求，按照上级党委政府打造活力大云、实力大云、生态大云、和谐大云的总体思路，全面实施以“五化”为核心的建设工程，着力打造环境优美、秩序优良、服务优质、管理优化的新型村庄，实现物质文明、精神文明、生态文明与政治文明的协调发展。

村庄照片

村内河道照片

村内农田照片

村内道路照片

村内树林照片

村内湿地照片

村内内湖照片

浙江省第二届大学生“乡村规划与创意设计”大赛

源·野 大云村生态邻里乡村规划设计 1

设计说明：

规划设计地块水网密布，自然资源丰富。建筑依水而立，沿河呈线性排布，邻里关系也呈线性，缺少积极的邻里公共活动空间。本次设计旨在打造自然生态循环系统，营造良好的邻里空间，在乡村城镇化的大环境下，呼吁回归田园生活。

区位分析

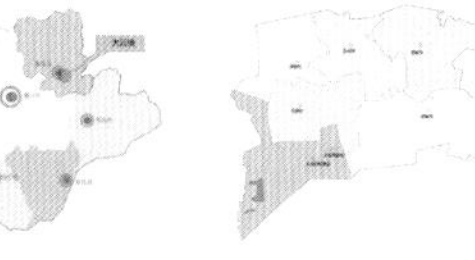
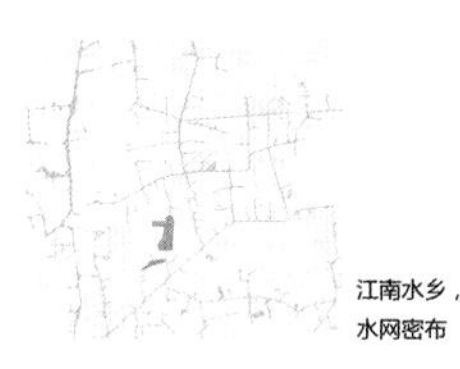
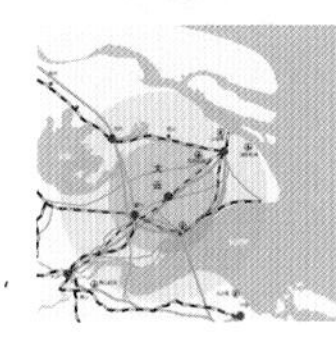

江南水乡，水网密布

距嘉善南站直线距离2公里，交通便利，已形成大云至上海、杭州、苏州、宁波等城市“一小时经济圈”

现况分析

道路现况 绿化现况 建筑线性肌理 建筑质量

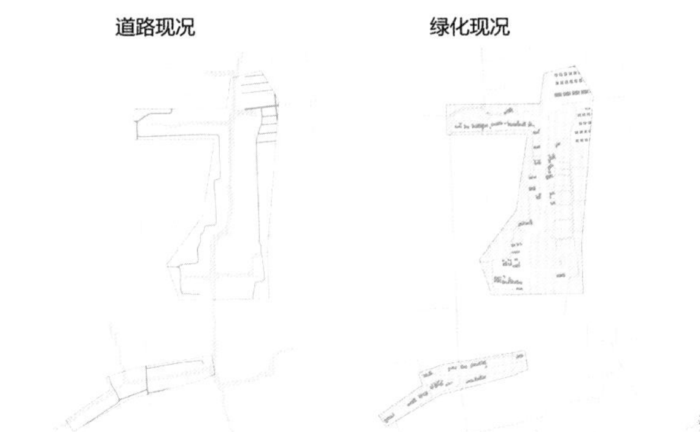

一类建筑

二类建筑

三类建筑

1.树林茂密
2.道路平整却狭窄，难通车
3.湿地资源丰富
4. 内湖保持自然风貌
5.河流水质衰败，河道硬化
6.农田面积广而完好

城镇发展趋势

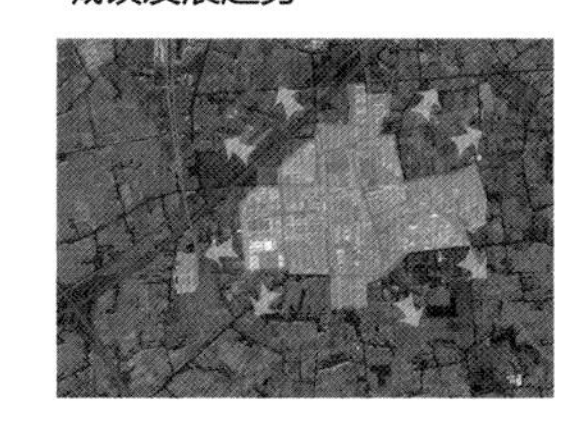

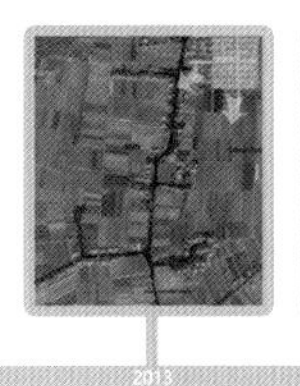

乡村城镇化不断扩张，自然村庄逐渐减少

河流发展趋势

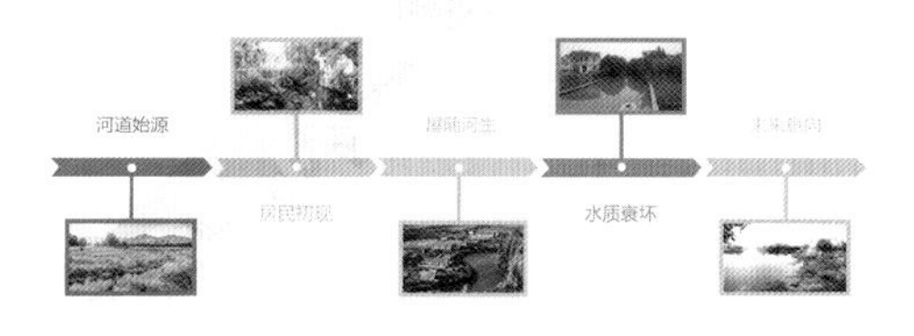

综合评价

优势：

1、 地处长三角“一小时经济圈”，交通便利
2、 地处江南水乡，水网密布，水资源丰富
3、 树林、湿地、内湖、农田等自然资源丰富
4、村庄风貌原始，受城镇化、工业化影响小

劣势：

1、 水质衰败
2、 河上少桥梁，两岸互通性差
3、 建筑沿河流呈线性排布，邻里关系差，缺乏良好的公共空间
4、 建筑质量参差，翻建频率不齐，村庄内建筑呈现新旧不一，风貌差
5、 道路不成系统，主次等级不分，宽度不够，难进车

设计思路

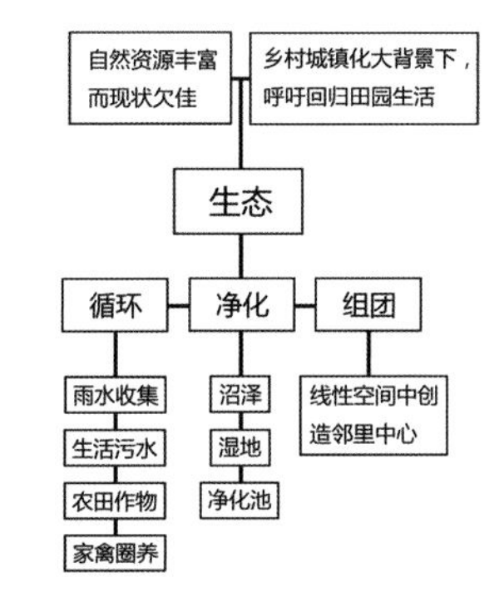
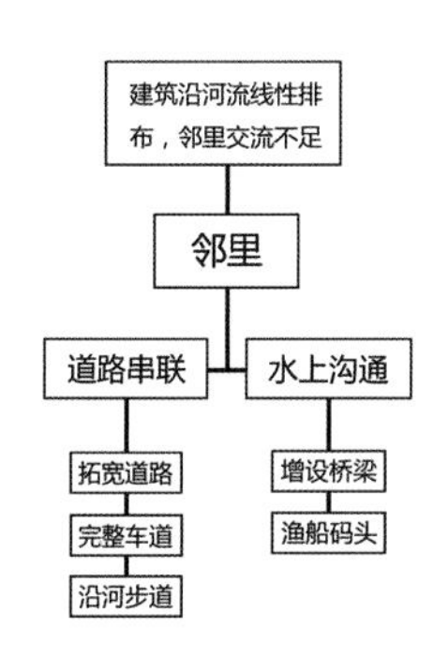

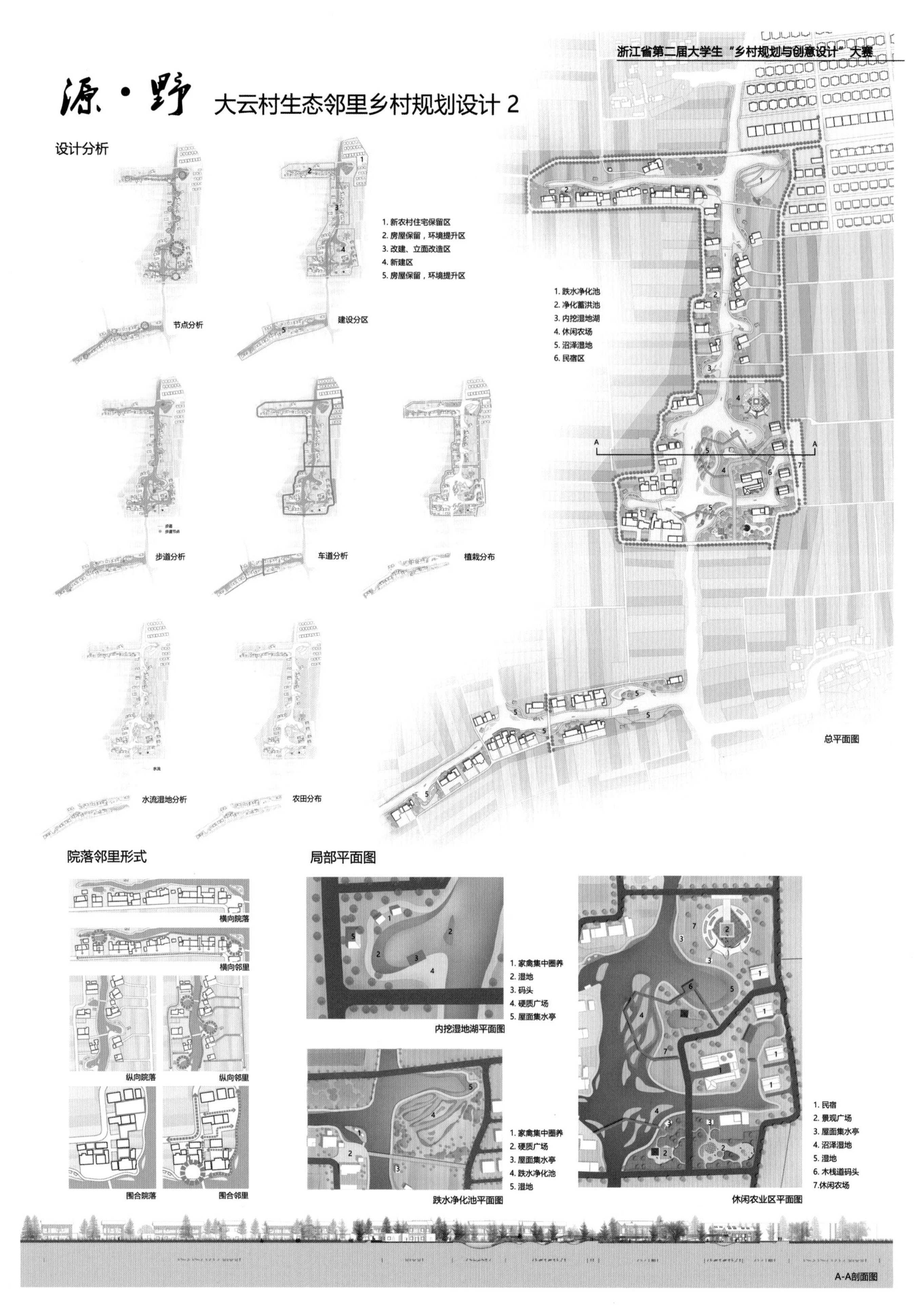
浙江省第二届大学生“乡村规划与创意设计”大赛
源·野 大云村生态邻里乡村规划设计 2
设计分析
节点分析
建设分区
1. 新农村住宅保留区
2. 房屋保留，环境提升区
3. 改建、立面改造区
4. 新建区
5. 房屋保留，环境提升区
步道分析
车道分析
植栽分布
水流湿地分析
农田分布
1. 跌水净化池
2. 净化蓄洪池
3. 内挖湿地湖
4. 休闲农场
5. 沼泽湿地
6. 民宿区
总平面图
院落邻里形式
横向院落
横向邻里
纵向院落
纵向邻里
围合院落
围合邻里
局部平面图
1. 家禽集中圈养
2. 湿地
3. 码头
4. 硬质广场
5. 屋面集水亭
内挖湿地湖平面图
1. 家禽集中圈养
2. 硬质广场
3. 屋面集水亭
4. 跌水净化池
5. 湿地
跌水净化池平面图
1. 民宿
2. 景观广场
3. 屋面集水亭
4. 沼泽湿地
5. 湿地
6. 木栈道码头
7.休闲农场
休闲农业区平面图
A-A剖面图

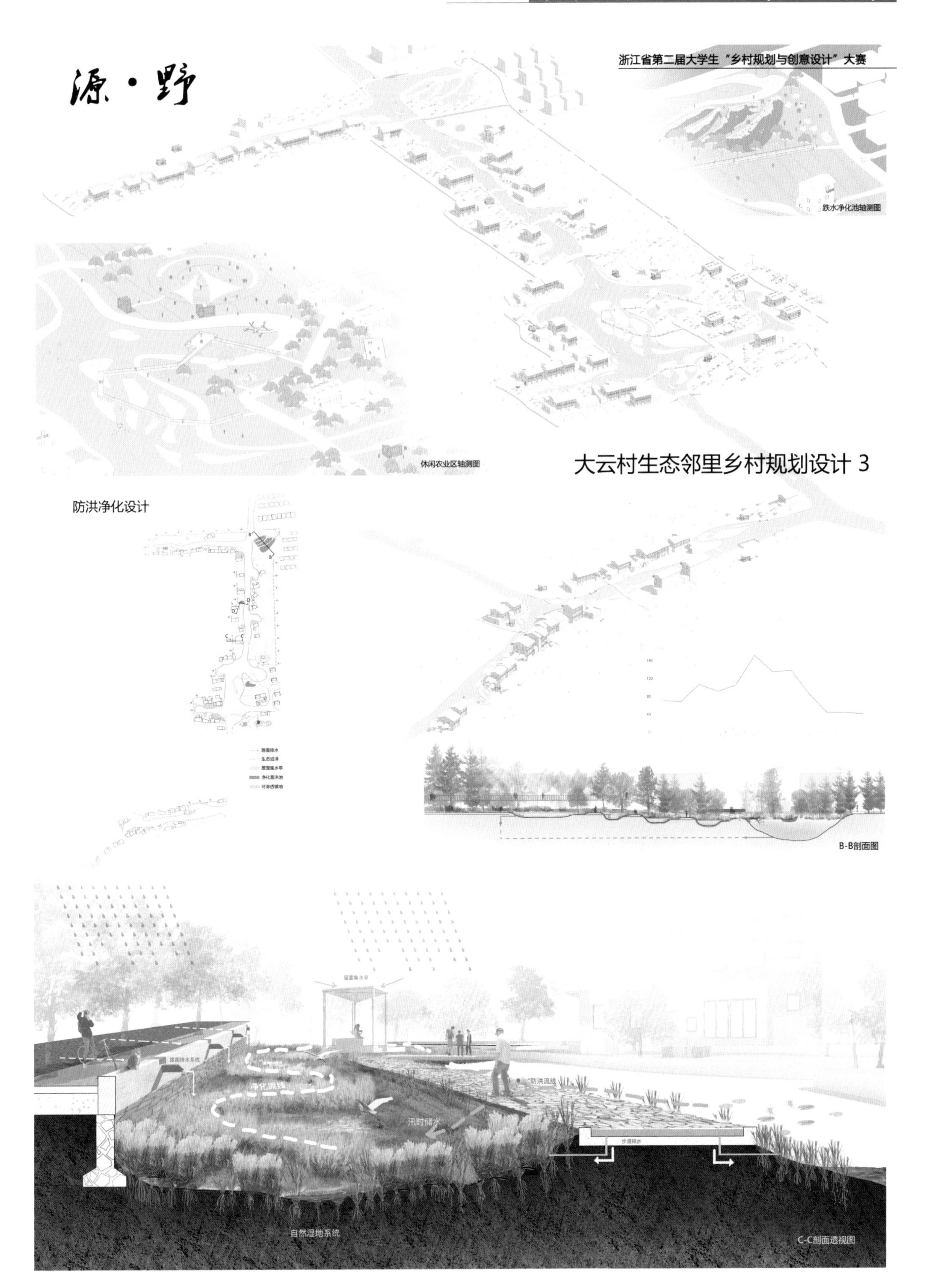

源·野
浙江省第二届大学生"乡村规划与创意设计"大赛
跌水净化池轴测图
休闲农业区轴测图
大云村生态邻里乡村规划设计 3
防洪净化设计
路面排水
生态沼泽
屋面集水亭
净化蓄洪池
可渗透铺地
160
120
80
40
0
B-B剖面图
屋面集水亭
路面排水系统
净化流线
汛时储水
防洪流线
步道排水
自然湿地系统
C-C剖面透视图

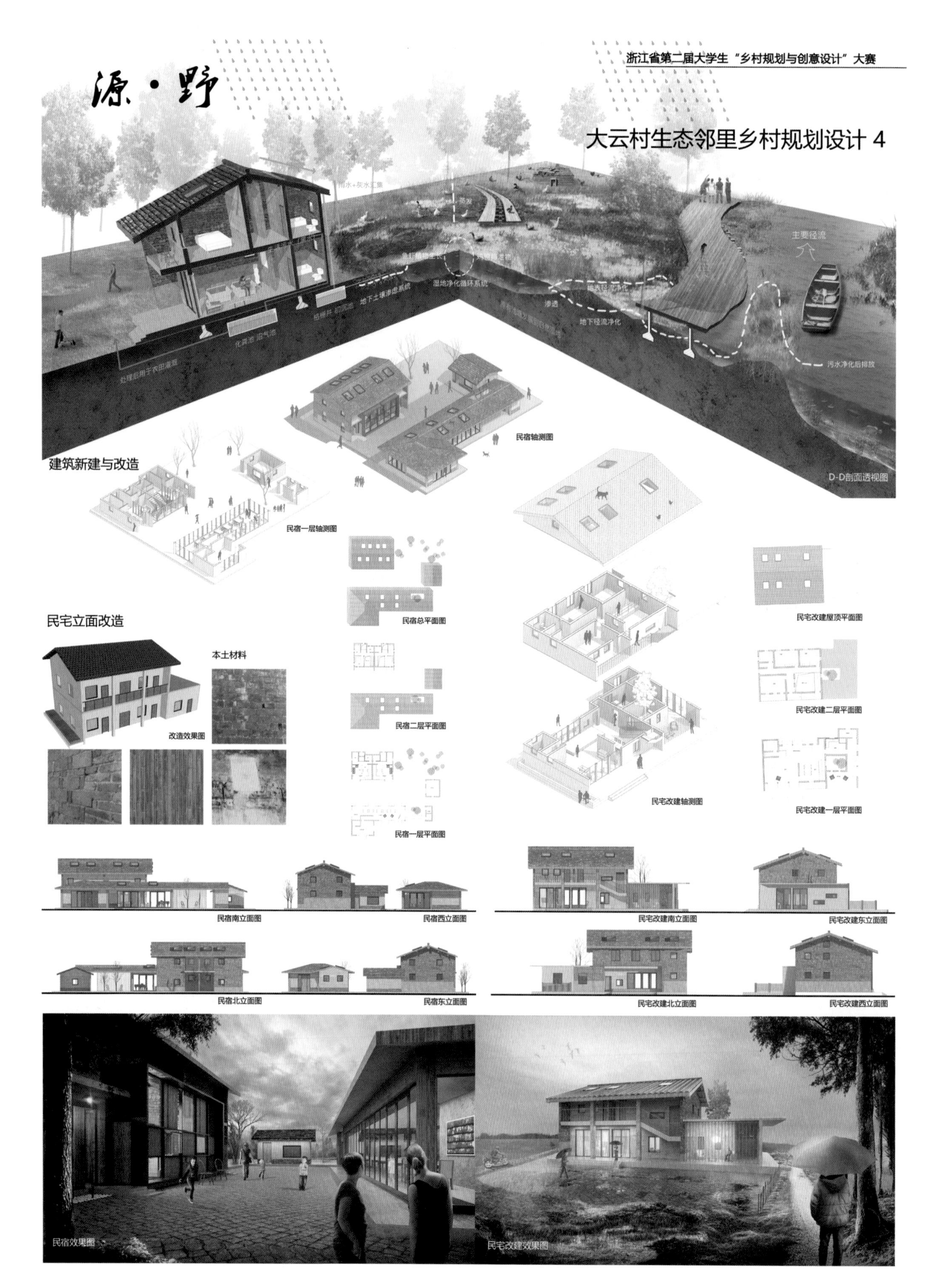
浙江省第二届大学生“乡村规划与创意设计”大赛
源·野
大云村生态邻里乡村规划设计 4
雨水+灰水汇集
蒸发
主要径流
湿地净化循环系统
地下土壤渗虑系统
格栅井 初沉池
化粪池 沼气池
处理后用于农田灌溉
地表径流净化
渗透
地下径流净化
污水净化后排放
D-D剖面透视图
民宿轴测图
建筑新建与改造
民宿一层轴测图
民宿总平面图
民宅改建屋顶平面图
民宅立面改造
本土材料
改造效果图
民宿二层平面图
民宅改建二层平面图
民宅改建轴测图
民宅改建一层平面图
民宿一层平面图
民宿南立面图
民宿西立面图
民宅改建南立面图
民宅改建东立面图
民宿北立面图
民宿东立面图
民宅改建北立面图
民宅改建西立面图
民宿效果图
民宅改建效果图

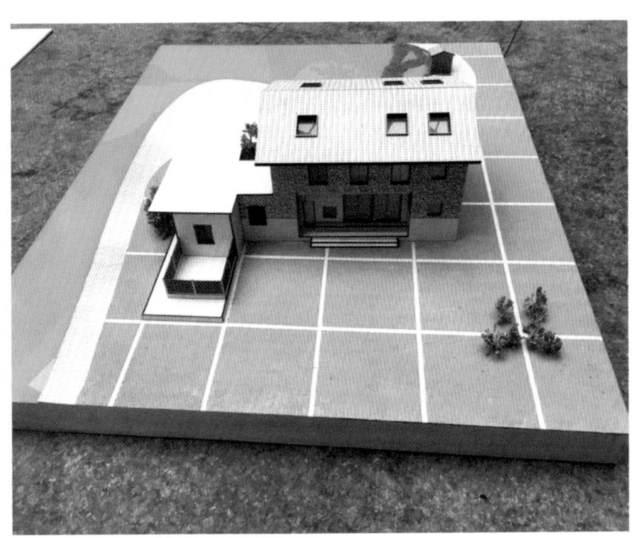

专家点评

规划专家团

专家1：围绕问题侧重生态展开设计很好。农房改造体现节能和绿色发展思想。

专家2：对生态的利用与发展有一定的思考。

专家3：生态邻里设计概念有参考价值，模型较精细。

专家4：围绕问题，展开设计，侧重生态。农房改造体现节能和绿色发展。

专家5：缺少规划意图分析，空间节点设计有待加强。

专家6：农耕、农村，以记忆为主，建筑与水乡脱节。

中国美术学院（建筑学）

鱼螺共生——东云村拖鞋浜规划设计

设计感言：

设计期间，我们多次来到东云村考察，了解当地的民俗、生活作息环境，与拖鞋浜和钟家斗的居民沟通。东云村蔚蓝的天空，一望无际的稻田，还有淳朴的民风，让我们体会到了许多在喧嚣繁忙的都市生活中所不能体会到的感受。而在设计的过程之中，我们认真地分析了当地的自然环境与居民的真正需求，通过小组的团队合作，相互帮助，最终一起完成了这个改造设计。东云村是一个充满生机与潜力的新型农村，希望通过我们的改造设计，可以真正实施，相信能在未来更好地推动东云村的经济发展，更好地提升当地居民的生活环境与景观生态。

村庄区位

东云村位于嘉善县东南向、有沪杭、沪昆高速通过。项目主场地——拖鞋浜隶属东云村，位于沪昆高速和东高线之间，地块狭长，地理位置优越。

村庄简介

拖鞋浜是东云村的一个自然村落，拖鞋浜以一浜水为界分为南北两岸，北岸多生态农作物，少有居民居住；南岸是村民的聚居地，民居依岸而筑。居民多养殖鸡鸭，水里螺蛳和鱼较为丰富，水稻农田发展成熟。因此设计主题以浜内养殖螺蛳和鱼为主，另外以水稻为载体养殖鱼，因此得出实施鱼螺共生和鱼稻共生的生态模式，打造微生态旅游村落，不仅满足了当地居民的生活需求，同时开发了新的产业模式。

拖鞋浜围绕着内河，民居建筑都依河而建，南北两岸风景隔河对望，景色宜人，而南北外部则是农田与主路，便于村民生活起居，占据地理优势。

村庄照片

村内河道照片

村内建筑照片

村内景观照片

村内全景照片

浙江省第二届大学生“乡村规划与创意设计”大赛

嘉善县区位图

上海

嘉兴

杭州

东云村区位图

嘉善县

东云村

拖鞋浜&钟家斗区位图

拖鞋浜

东云村村委会

钟家斗

拖鞋浜现状

建筑立面现状

南岸景观现状

北岸景观现状

现状问题

主路太窄

建筑新旧交错，立面凌乱

停车位太少

后院空间凌乱，未合理利用

雨天河道污浊

木栈道与沿河支路交汇欠合理

钟家斗现状

建筑现状

景观现状

拖鞋浜现状分层图

空间分布

公共空间

私家院落

建筑分布

沿河建筑

沿街建筑

植被&水系

内河

水田

钟家斗现状分层图

空间分布

公共空间

建筑分布

建筑

植被&水系

内河

水田

鱼螺共生

嘉善县东云村乡村规划与改造——以拖鞋浜为例

设计概念 拖鞋浜是东云村的一个自然村落，拖鞋浜以一浜水为界分为南北两岸，北岸多荒地农田，南岸多村民聚居。居民多养殖鸡鸭，水里螺蛳和鱼较为丰富，水稻农田发展成熟。设计主题以浜内养殖螺蛳和鱼为主，另外以水稻为载体养殖鱼螺，旨在打造鱼螺共生和鱼稻共生的生态模式，发展成为微生态旅游村落。并以拖鞋浜和钟家斗为示范点，实现将鱼螺、鱼稻共生的生态模式推广和辐射至周边村镇的最终目标。

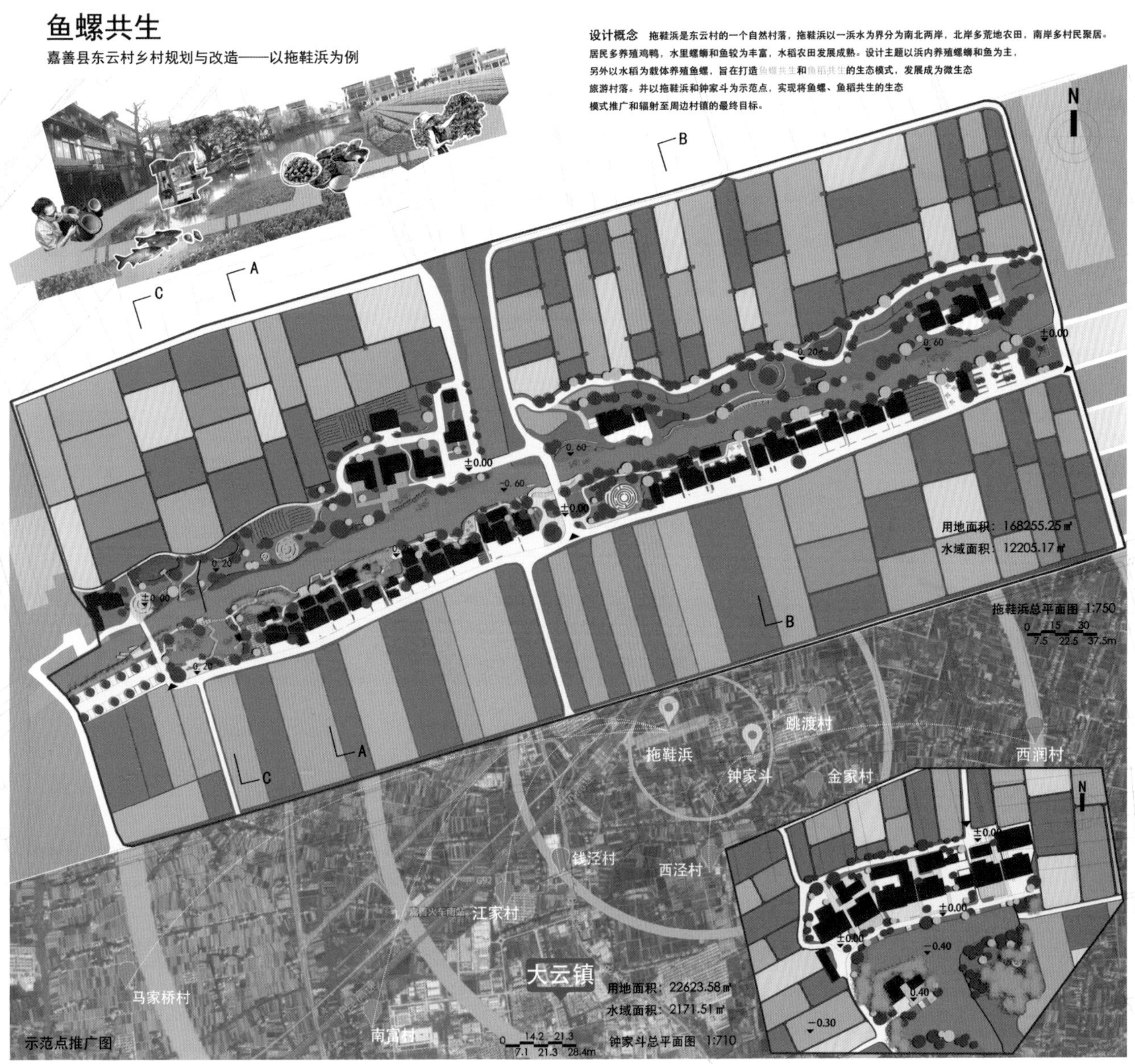

浙江省第二届大学生“乡村规划与创意设计”大赛

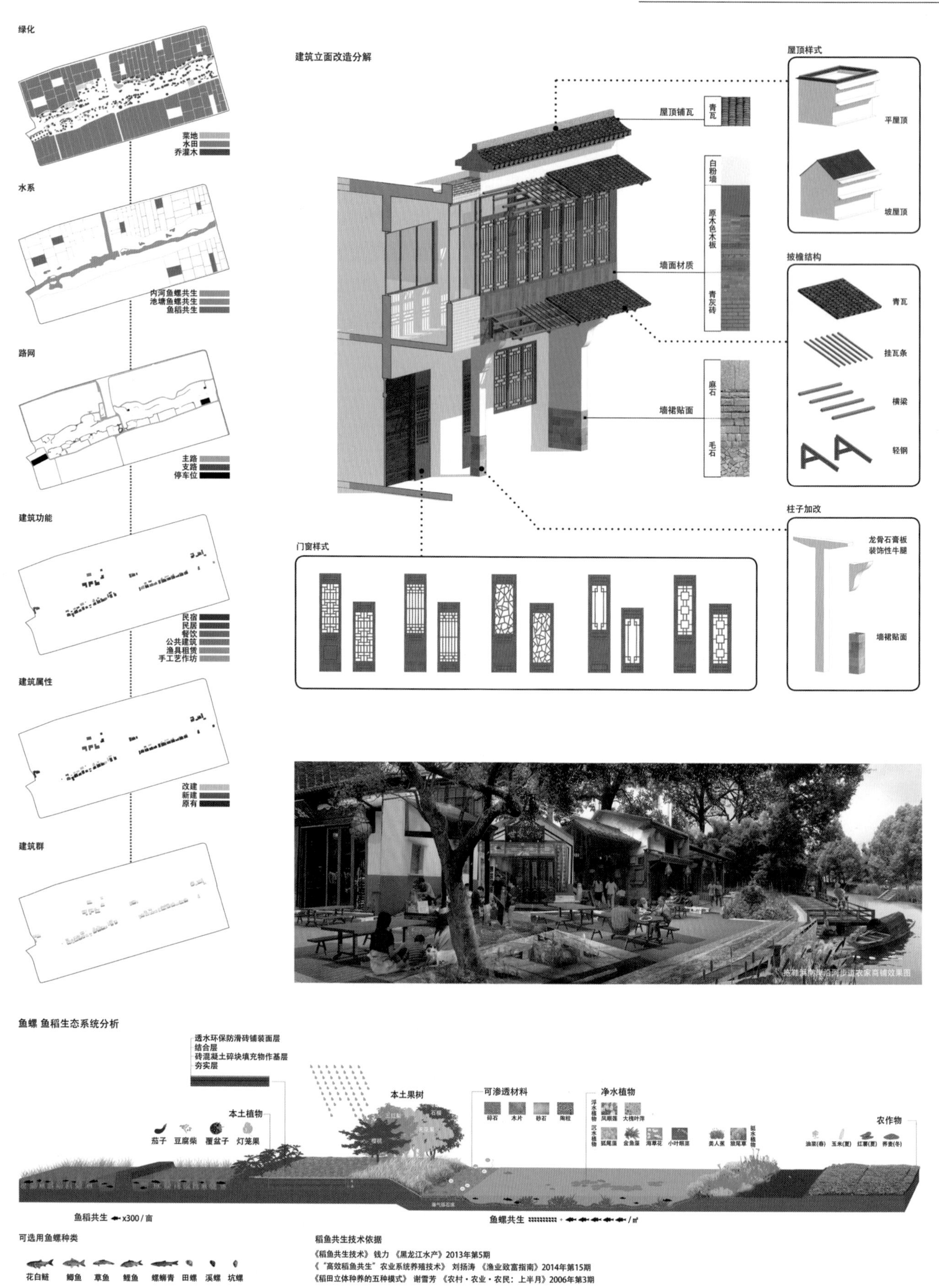

稻鱼共生技术依据

《稻鱼共生技术》 钱力 《黑龙江水产》2013年第5期

《“高效稻鱼共生”农业系统养殖技术》 刘扬涛 《渔业致富指南》2014年第15期

《稻田立体种养的五种模式》 谢雪芳 《农村·农业·农民：上半月》2006年第3期

浙江省第二届大学生“乡村规划与创意设计”大赛

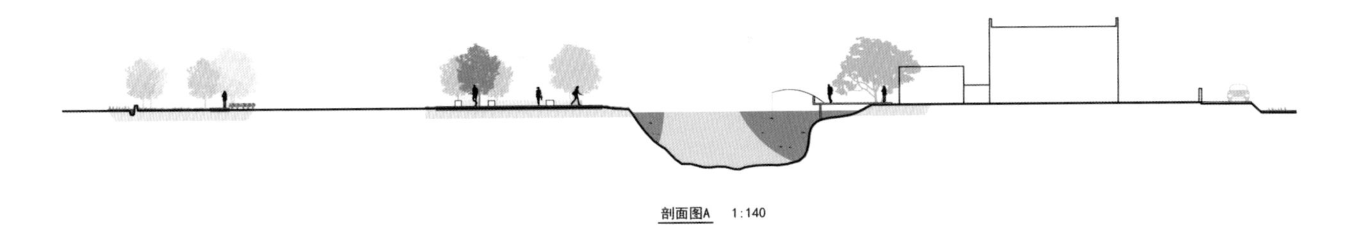

剖面图A 1:140

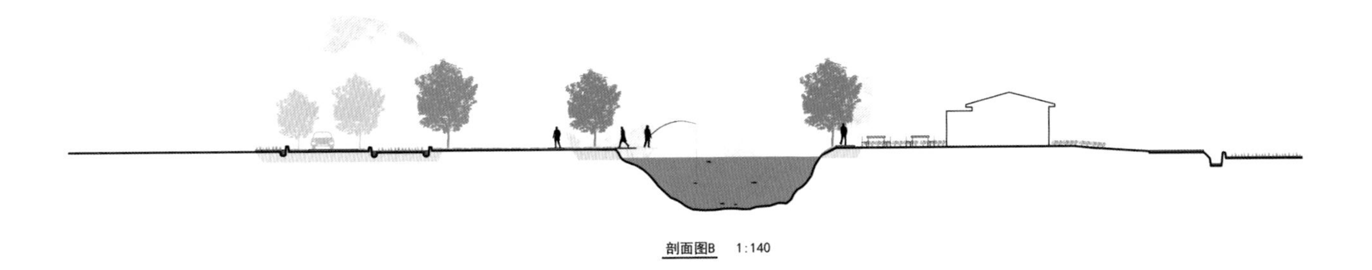

剖面图B 1:140

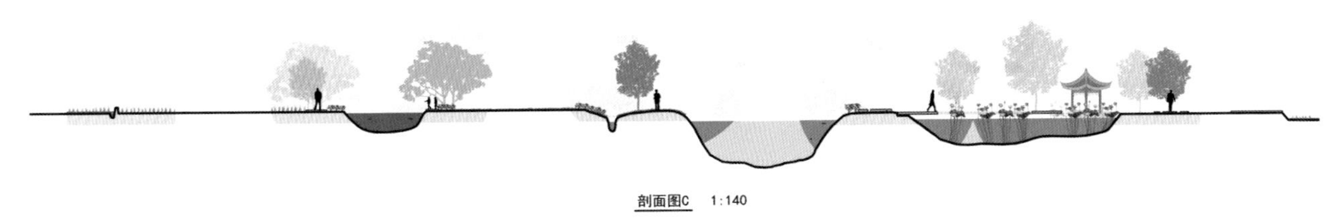

剖面图C 1:140

拖鞋浜北岸鱼螺塘效果图

浙江省第二届大学生"乡村规划与创意设计"大赛

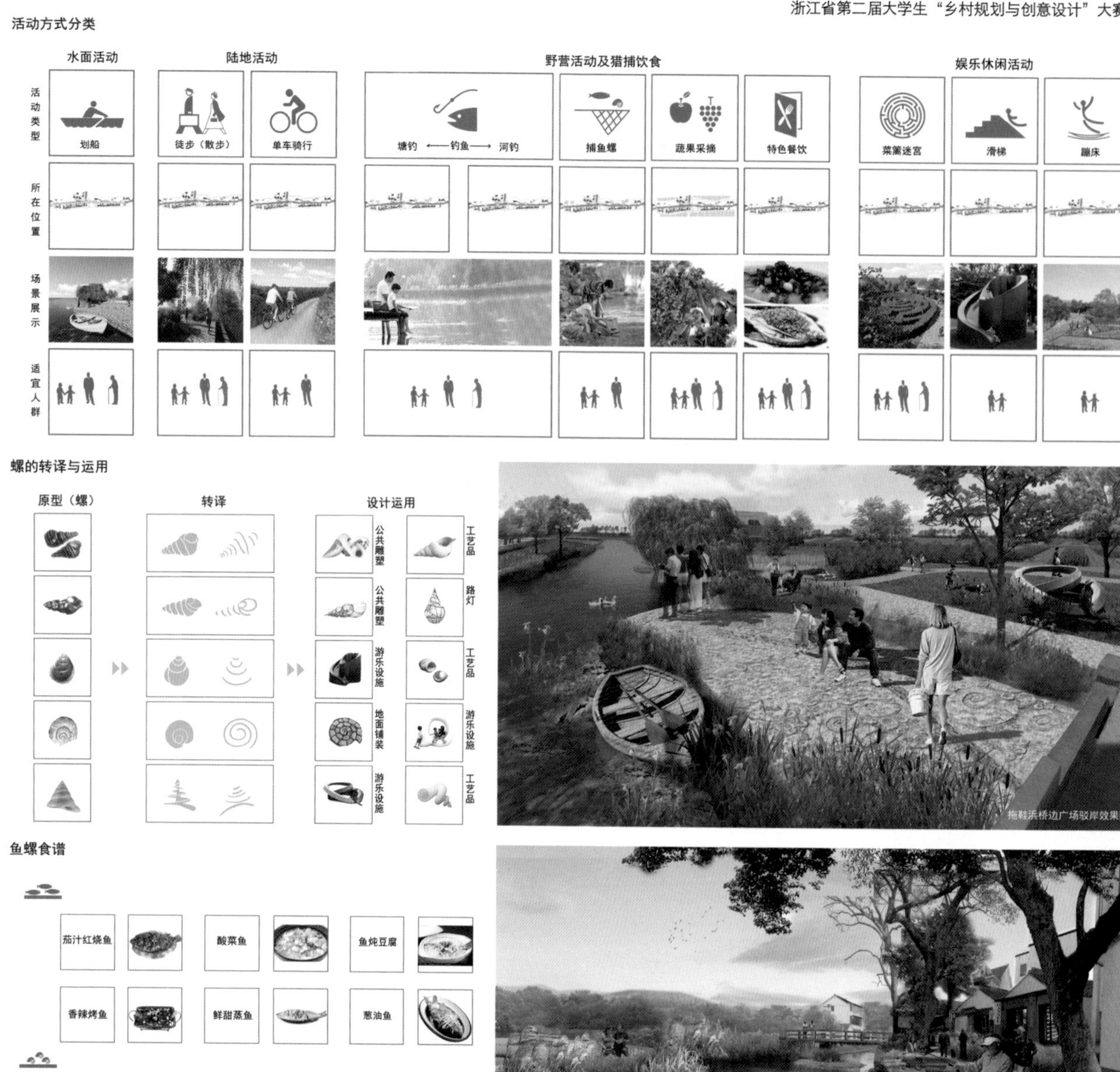

拖鞋浜桥边广场驳岸效果图

拖鞋浜小河南北沿岸效果图

拖鞋浜北岸水稻鱼塘效果图

专家点评　规划专家团

专家1：具体的、小概念的生态系统和谐共生体现乡村建设，有新意。

专家2：建筑方面的改造与公共艺术应用较好。

专家3：提出生态共生养殖方式，具有较好的辐射效果。以螺为主题进行元素创意，有特色和新意。单体住宅模型制作较为精细。

专家4：具体的、小概念的生态系统和谐共生体现乡村建设，文化内涵挖掘应加强。

专家5：文字分析欠深入，意图是什么？意象是什么？（鱼螺代表什么？）与人的生产生活有什么关系等？空间功能节点分析缺失（只有立面改造分析；模型：提升不明显）。

专家6：过于图形化与工匠化。

浙江树人大学（城乡规划）

爱浸曹家——大云镇曹家村规划设计

设计感言：

这次的乡村创意设计大赛，从开始的现状调研，到最后的模型展板，我们团队每个人都付出了很大的心血。这次竞赛中，我们以“甜蜜的爱”为主题，四张展板以粉红色为主，结合嘉兴市嘉善县曹家村的现有，以及未来的发展模式为依托情况下，展现甜蜜幸福的爱情故事，对于正处于青春期的我们来说，是为曹家村规划设计的一次需要，更为自己未来人生的爱情观、婚姻观的甜蜜规划。对于本次乡创竞赛来说，我们始终秉承着，“以发扬大学生的创造性思维为主，结合实际性的社会需要为辅”，展现我们树大人的爱情故事。

村庄区位

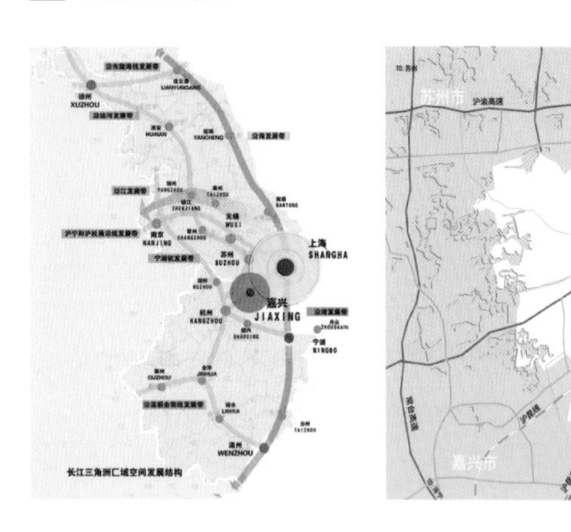

曹家村位于嘉兴市嘉善县大运镇东北侧，南连缪家村，西邻东云村，北接惠明街道横泾村；村域周边遍布高速，沪杭高速横村域，距离西北侧嘉善客运中心仅为3公里；空港方面，得益于嘉善与上海和杭州的交通便利，可共享两者的机场等交通设施；铁路方面，沪杭城际高速铁路横贯曹家村，且村庄紧邻沪昆线，从村庄至铁路站仅需十余分钟。

村庄简介

曹家村位于浙江省嘉善县大云镇的东北侧，南连高一村、缪家村，西邻东云村，北接惠民镇横泾村。全村总人口2232人，户数651户，耕地面积4450亩，辖15个村民小组，28个自然村。2007年农村经济总收入2.26亿元，集体可支配资金68.1万元，农民人均纯收入9087元。

曹家村为特色农业村，主要发展优势农业、绿色农业和特色农业。全村以蔬菜种植为主，辅以苗木、水稻种植。春白菜、春大豆种植最具影响，露地蔬菜种植最具规模。此外，茄子、卷心菜等蔬菜种植也较为普遍。

因地处长三角和太湖水网地区，气候温和，季节分明，雨量充沛。曹家村村域内河湖交错，水网纵横，并形成了以水运为主的交通体系和极富韵味的传统江南民居。

村庄照片

村内河道照片

村内建筑照片

村内景观照片

村内河道照片

村内建筑照片

村内景观照片

江省乡村创意设计大赛
creative design competition in Zhejiang Province

爱浸曹家

捕鱼 泡温泉 餐饮 购物 婚纱摄影 文娱 餐饮 就医 居住 耕种

至沪昆高速

王大爷，本地居民 56岁，在家务农

周小姐，杭州市民 32岁白领，游客

至十里水乡、歌斐颂巧克力小镇

■ 现状总透视图

场照片

曹家村位于嘉兴市嘉善县大云镇东北侧，南连缪家村，西邻东云村，北接惠明街道横泾村。全村村域面积4.97平方公里。大云镇境内地势平坦，多以平地农田为主，同时河流众多，水利条件好。沪杭高速和沪杭城际高速铁路穿村而过。

■ 公路分析 ■ 铁路分析

■ 区域分析

根据规划，未来甜蜜小镇将会形成碧云花园--歌斐颂巧克力小镇--十里水乡--千亩花海--云澜湾温泉度假区的游线。（千亩花海与云澜湾地处曹家村，且横贯曹家村。对于曹家村周边辐射明显。）

■ 上位分析

图底分析

交通分析

水与居民点分析

基础设施分析

文•善

水网密布，但水质富营养化严重

桥梁纵横，但缺乏特色

船只伶仃，停泊在村中心河里

大云：鲜切花之乡

四方为井，多数荒废

虚实结合遍布大棚

竹围院落，散布曹家

良田遍布，蔬果丰饶

水 桥 船 花 井 棚 竹 田

产•融

现有产业

混合农业 机械化？

旅游业 甜蜜小镇资源

制造业 产生污染

融合 农业+产业置换 …

云澜湾 联动 未来曹家 联动 巧克力小镇 十里水乡

竞争 大云鲜切花 缪家鲜切花 碧云花园

人•聚

1957年 曹家村村民依河而居，水乡气息浓厚

1999年 各村合并，人群逐步积聚

2016年 旅游业引进，高速、高铁通车，村民进一步积聚

现状评价

项目	评价	项目	评价
1.区位交通	宏观区位与周边区位交通条件好。	5.建筑肌理	网格状分布，受新农村建设影响，村中传统肌理被打破。
2.周边资源	周边旅游资源丰富，曹家村可利用其优势，发挥所长。	6.特色产业	云澜湾温泉中心、特色农业是曹家村的特色产业。
3.山水格局	自然资源丰富，地势平坦，水网纵横，典型的鱼米之乡。	7.文化基底	曹家村村民普遍文化意识薄弱，历史建筑及肌理不受重视。
4.道路肌理	道路纵横交错，道路质量良好，但仍有多条断头路。	8.其他元素	村中有水塔，船舫遗址等主要节点。

1

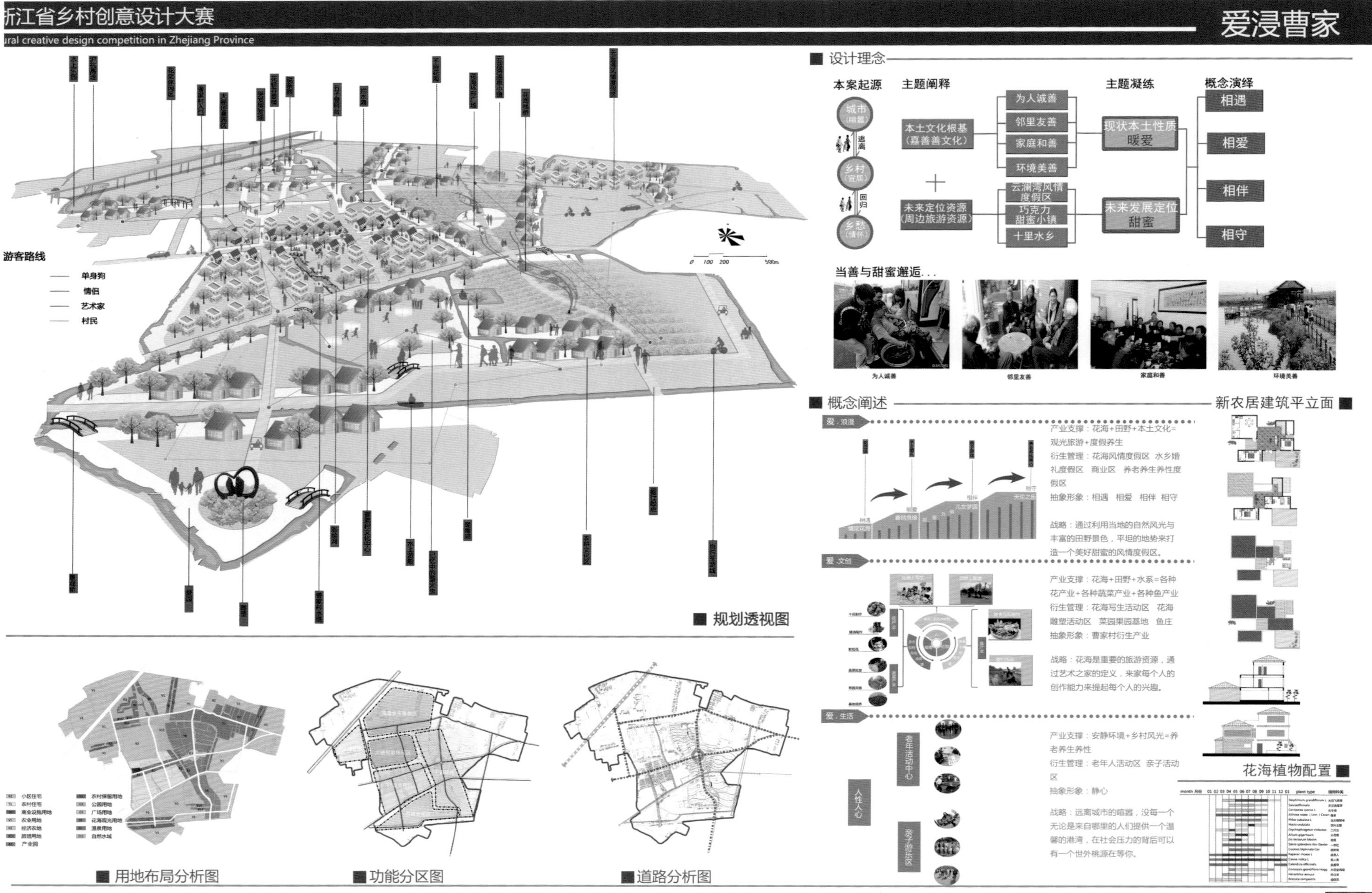

浙江省乡村创意设计大赛
ural creative design competition in Zhejiang Province
爱浸曹家
设计理念
本案起源
城市（喧嚣）
逃离
乡村（宜居）
回归
乡愁（情怀）
主题阐释
本土文化根基（嘉善善文化）
+
未来定位资源（周边旅游资源）
为人诚善
邻里友善
家庭和善
环境美善
云澜湾风情度假区
巧克力甜蜜小镇
十里水乡
主题凝练
现状本土性质 暖爱
未来发展定位 甜蜜
概念演绎
相遇
相爱
相伴
相守
当善与甜蜜邂逅...
为人诚善
邻里友善
家庭和善
环境美善
游客路线
单身狗
情侣
艺术家
村民
0 100 200 500m
规划透视图
概念阐述
爱.浪漫
产业支撑：花海+田野+本土文化=观光旅游+度假养生
衍生管理：花海风情度假区 水乡婚礼度假区 商业区 养老养生养性度假区
抽象形象：相遇 相爱 相伴 相守
战略：通过利用当地的自然风光与丰富的田野景色，平坦的地势来打造一个美好甜蜜的风情度假区。
爱.文创
产业支撑：花海+田野+水系=各种花产业+各种蔬菜产业+各种鱼产业
衍生管理：花海写生活动区 花海雕塑活动区 菜园果园基地 鱼庄
抽象形象：曹家村衍生产业
战略：花海是重要的旅游资源，通过艺术之家的定义，来家每个人的创作能力来提起每个人的兴趣。
爱.生活
人性人心
老年活动中心
亲子游乐区
产业支撑：安静环境+乡村风光=养老养生养性
衍生管理：老年人活动区 亲子活动区
抽象形象：静心
战略：远离城市的喧嚣，没每一个无论是来自哪里的人们提供一个温馨的港湾，在社会压力的背后可以有一个世外桃源在等你。
新农居建筑平立面
花海植物配置
用地布局分析图
小区住宅
农村住宅
商业设施用地
农业用地
经济农地
旅馆用地
产业园
农村保留用地
公园用地
广场用地
花海观光用地
道路用地
自然水域
功能分区图
道路分析图
2

爱浸曹家
故事卷轴
桥上相会
相约田埂
定情花海
拦水港
五子登科
垂钓
大棚创意
入心
停留
体验
文化
休闲
生活
回归
3

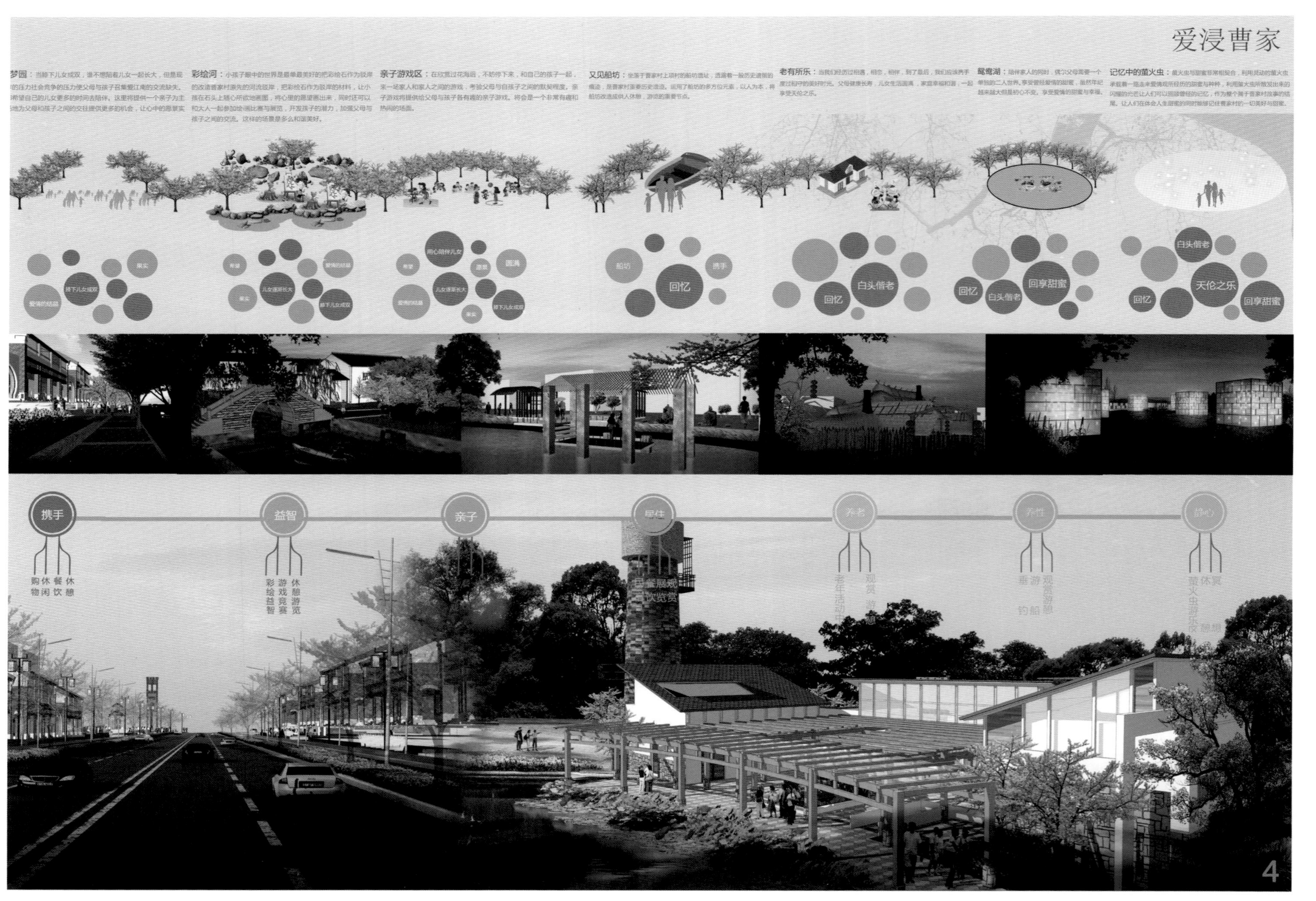
爱浸曹家
梦园：当膝下儿女成双，谁不想陪着儿女一起长大，但是现的压力社会竞争的压力使父母与孩子召集爱江南的交流缺失。希望自己的儿女更多的时间去陪伴。这里将提供一个亲子为主地为父母和孩子之间的交往提供更多的机会，让心中的愿景实
彩绘河：小孩子眼中的世界是最单最美好的把彩绘石作为驳岸的改造曹家村原先的河流驳岸，把彩绘石作为驳岸的材料，让小孩在石头上随心所欲地画图，将心里的愿望画出来，同时还可以和大人一起参加绘画比赛与展览，开发孩子的潜力，加强父母与孩子之间的交流。这样的场景是多么和谐美好。
亲子游戏区：在欣赏过花海后，不妨停下来，和自己的孩子一起，来一场家人和家人之间的游戏，考验父母与自孩子之间的默契程度。亲子游戏将提供给父母与孩子各有趣的亲子游戏。将会是一个非常有趣和热闹的场面。
又见船坊：坐落于曹家村上项村的船坊遗址，透露着一般历史遗留的痕迹，是曹家村重要历史遗迹。运用了船坊的多方位元素，以人为本，将船坊改造成供人休憩，游览的重要节点。
老有所乐：当我们经历过相遇，相恋，相伴，到了最后，我们应该携手度过相守的美好时光。父母健康长寿，儿女生活圆满，家庭幸福和谐，一起享受天伦之乐。
鸳鸯湖：陪伴家人的同时，偶尔父母需要一个单独的二人世界。享受曾经爱情的甜蜜，虽然年纪越来越大但是初心不变。享受爱情的甜蜜与幸福。
记忆中的萤火虫：萤火虫与甜蜜非常相契合，利用灵动的萤火虫承载着一路走来爱情观所经历的甜蜜与种种，利用萤火虫所散发出来的闪耀的光芒让人们可以回顾曾经的记忆，作为整个属于曹家村故事的结尾。让人们在体会人生甜蜜的同时能够记住曹家村的一切美好与甜蜜。
回忆
白头偕老
回享甜蜜
天伦之乐
船坊
携手
携手
购物 休闲 餐饮 休憩
益智
彩绘益智 游戏竞赛 休憩游览
亲子
居住
养老
老年活动中
观赏 游憩
养性
垂钓 游船 观赏游憩
静心
休憩 冥想
4

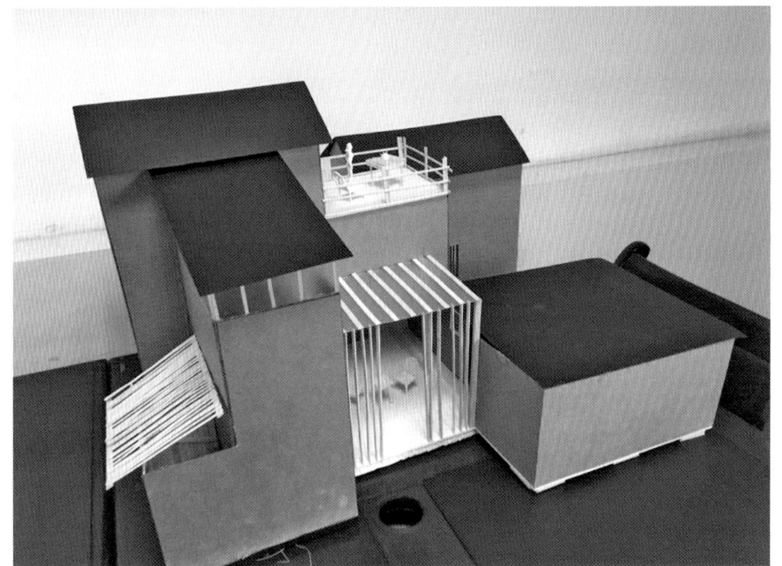

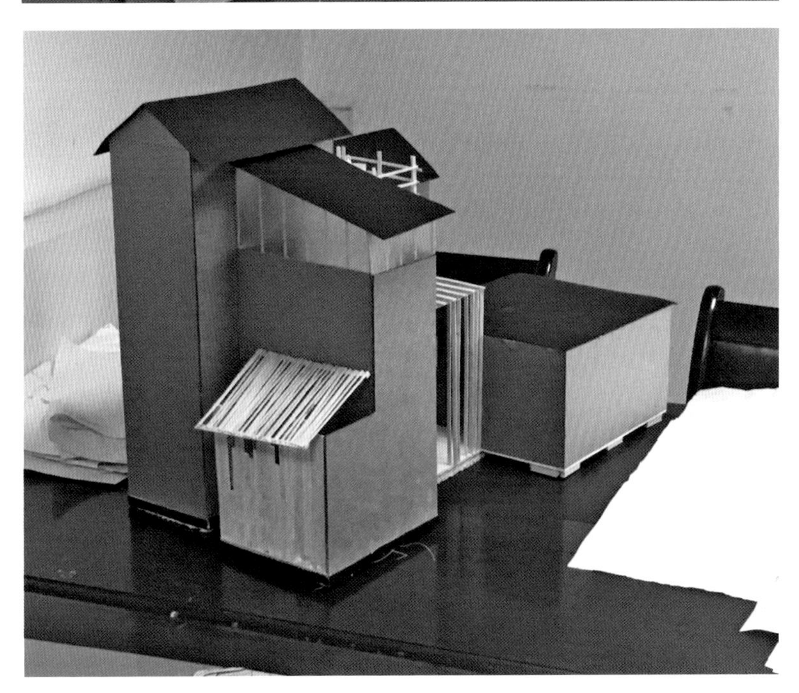

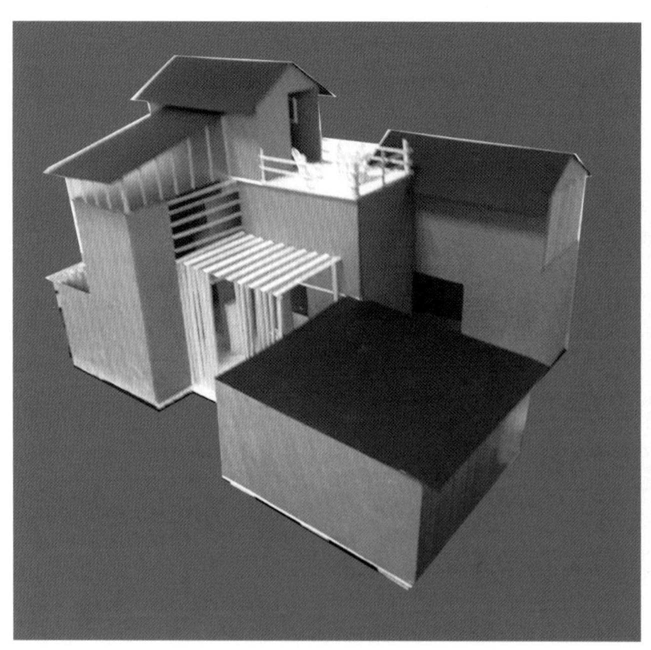

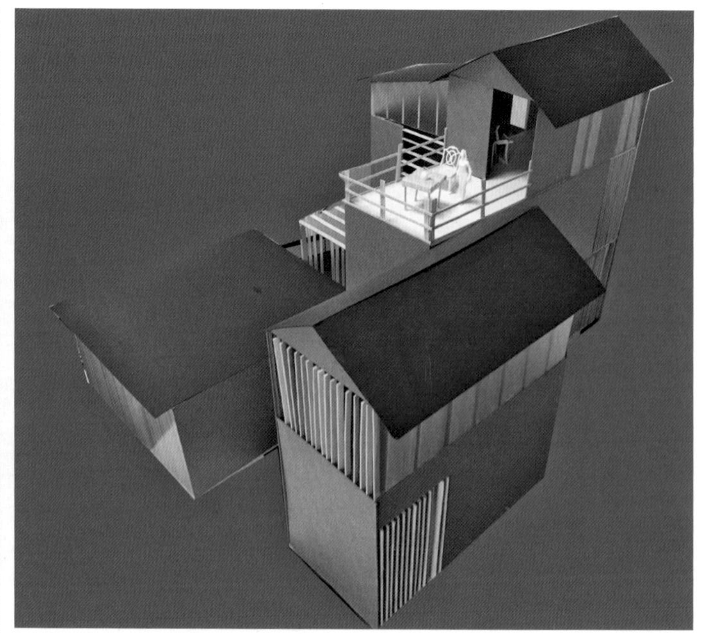

〈 专家点评　　规划专家团

专家1　体现村庄产业特色，设计思路有一定的新意，建筑方案展现有待强化。

专家2　深度、独特性与落地性相对较差。

专家3　以爱为主题串联设计方案，有创意。设计理念与现状的结合度不够，略有割裂之嫌。

专家4　主题突出，爱与甜蜜，结合本村的特色与亮点开展设计，有一定的展现与分析。

专家5　户型别墅化，很卡通的学生作品，主题、空间、功能、节点与农房设计相对欠缺。有一定的分析能力。

专家6　有娱乐、有创新、有理想、有联想，但不可实现。

4 大事记

Memorsbilia

1 选题仪式

2 启动仪式

3 现场调研

2016浙江省第二届高校大学生
“乡村规划与创意设计”

浙江省第二届大学生“乡村规划与创意设计”大赛启动仪式

中期交流

专家评审

浙江省第二届高校大学生“乡村规划与创

栾 峰

6 评优颁奖

浙江省第二届大学生
“乡村规划与创意设计”大赛评优颁奖
暨乡村规划设计 家论坛

7 专家论坛

“乡村规划与创意设计”大赛评优颁
暨乡村规划设计专家论坛
二〇一六年九月二十九日

创意设计” 大赛评
规划设计专家论坛

“乡村
荣誉证书

后　记 Postscript

本书全方位记录了由浙江工业大学承办的浙江省第二届美丽乡村规划与创意设计大赛过程与成果，收集来自浙江工业大学、浙江大学、宁波大学、中国美术学院、浙江科技学院、浙江树人大学、浙江农林大学、浙江理工大学等 8 所学校的建筑学、城乡规划、环境艺术、景观设计等相关专业学生竞赛作品 13 份，意在共同探讨“乡村规划与设计”的教学组织与模式，探索浙江省水乡地区美丽乡村建设的新思路。

本竞赛选题来自浙江省嘉善县。嘉善县人民政府、嘉善县住房和城乡建设规划局、嘉善县农办、嘉善县城乡规划设计研究院、嘉善县各镇人民政府、嘉善县各村为各个学校的师生们提供了全面的基础资料和详细的情况介绍，并组织中期研讨、方案论证、大赛评优、专家论坛等，在此，对嘉善有关方面的支持致以衷心的感谢！

大赛评优阶段，由同济大学建筑与城市规划学院教授栾峰、东南大学建筑学院副院长石邢、浙江省住房和城乡建设厅规划处调研员张晓红、浙江省城乡规划设计研究院副院长余建忠、南方设计院副院长姜晓刚、嘉兴市建委村镇处处长许枫等 6 位专家组成的评优专家团，为各参赛团队作了积极有效的作品点评，在此也致以衷心的感谢！

衷心感谢浙江工业大学周骏、张善峰、仲立强、赵小龙、文旭涛、宋扬、黄焱老师，浙江大学顾哲、郑卫、陈秋晓老师，宁波大学徐进、陆海老师，中国美术学院沈实现老师，浙江科技学院刘虹、汤燕老师，浙江树人大学王建正、戴洁、王媛、陶涛、汤坚立、王娟老师，浙江农林大学洪泉、唐慧超老师，浙江理工大学王丽娴、秦安华、江俊浩老师，感谢各位老师对学生所做的精心指导；另外，还要特别感谢浙江工业大学工程设计集团有限公司、浙江省城乡规划设计研究院、浙江省省直建筑设计研究院、宁波大学城乡规划设计研究院、浙江大学城乡规划设计研究院、雅克城市规划设计有限公司杭州分公司、浙江省建筑设计研究院的各位老总对各结对参赛队伍的指导和帮助。

编者

2017 年 1 月